COLOR
MATCHING

色彩搭配

室内设计师必备宝典

祝彬 樊丁◎编著

·北京·

内容简介

本书内容紧密贴合室内色彩设计与搭配，运用简明、易懂的方式讲解了室内配色的基本知识，同时，从同相色搭配、同类色搭配、冲突色搭配、互补色搭配、多色搭配这五个方面归纳、整理了近千例室内配色实景方案，并运用关键词将这些案例进行分类，可以令设计师根据客户描绘的配色喜好以及性格特点，快速匹配适合的配色方案，打开配色思路，最后达成顺利签单的目的。

另外，本书赠送了多类型常用的色彩专业色值表、4 种不同色系的家居空间配色实例、100 个室内配色比例以及 500 张功能空间配色实例，多方面展现了室内配色的相关内容，提供给读者更加多样化的室内配色灵感。

随书附赠资源，请访问 https://www.cip.com.cn/Service/Download 下载。在如右图所示位置，输入“37982”点击“搜索资源”即可进入下载页面。

图书在版编目（CIP）数据

色彩搭配室内设计师必备宝典 / 祝彬，樊丁编著. —北京：化学工业出版社，2021.1（2024.5重印）
ISBN 978-7-122-37982-5

Ⅰ.①色… Ⅱ.①祝… ②樊… Ⅲ.①室内色彩-室内装饰设计 Ⅳ.①TU238.23

中国版本图书馆CIP数据核字（2020）第224864号

责任编辑：王　斌　邹　宁　　　装帧设计：王晓宇
责任校对：王　静

出版发行：化学工业出版社（北京市东城区青年湖南街13号　邮政编码100011）
印　　装：北京宝隆世纪印刷有限公司
787mm×1092mm　1/20　印张 13　字数200千字　2024年5月北京第1版第4次印刷

购书咨询：010-64518888　　　售后服务：010-64518899
网　　址：http://www.cip.com.cn
凡购买本书，如有缺损质量问题，本社销售中心负责调换。

定　　价：88.00元

前言

在室内设计领域，经常会通过色彩表达居住者的性格、体现空间的设计风格，或者传达室内情感意向。因此，在室内设计工作中色彩是非常重要的元素，是针对目标群体的性别、年龄、兴趣爱好来制作更传神的空间氛围时不容忽视的要素。法国色彩大师郎克罗也曾说道："在不增加成本的前提下，改变色彩的设计，会增加 15%~30% 的利润，这是色彩的力量"。

《色彩搭配室内设计师必备宝典》一书运用大量简明易懂的图例，以及全彩室内装修实景图片，在逐一讲解配色理论的同时，将专业的色彩常识变得简明化。全书共分两部分：第一部分为色彩基础知识，系统介绍了色彩的理论知识；第二部分为全书的重点，详细归纳了同相色搭配、同类色搭配、对比色搭配、互补色搭配、多色搭配的配色案例，为读者提供了大量的配色方案。同时，书中还按照色彩表现出的不同氛围，如清新、热情、温暖、现代等进行内容细分，方便室内设计师根据工作需要，快速借鉴装修案例带来的配色灵感，以提高工作效率，同时设计出更优秀的作品。

另外，本书在资料整理、内容组织等方面，得到乐山师范学院民宿发展研究中心资助，在此表示感谢。

目录

第一章 色彩基础常识

第二章 室内配色方案

第一章 色彩基础常识

一、色彩构成

色彩是通过眼睛、大脑，结合生活经验所产生的一种对光的视觉效应。若没有光线，就无法在黑暗中看到任何物体的形状与色彩。色彩与人的感觉和知觉联系在一起，因此视觉所看到的并不是物体本身的色彩，而是对物体反射的光通过色彩的形式进行感知。

▲色彩在人脑中的形成

二、色彩分类

按色彩系别划分

有彩色系：在可见光谱中的全部色彩，红、橙、黄、绿、紫等为其基本色。基本色之间不同量的混合、基本色与无彩色之间不同量的混合，所产生的色彩均属于有彩色系。

无彩色系：由白色渐变到浅灰、中灰、深灰直至黑色，这种有规律的变化，色彩学上称为黑白系列，即无彩色系。

▲有彩色系

▲无彩色系

按视觉感受划分

暖色系：红紫、红、红橙、橙、黄橙、黄、黄绿等都是暖色，给人柔和、柔软的感受。

冷色系：蓝绿、蓝、蓝紫等都是冷色，给人坚实、强硬的感受。

中性色系：紫色和绿色没有明确的冷暖偏向，是冷色和暖色之间的过渡色。另外，无彩色以及金色、银色、棕色也属于中性色范畴。

▲暖色系

▲冷色系

▲中性色系

按色彩种类划分

原色：不能通过其他色彩混合调配的基本色，将原色按不同的比例混合，则能够产生其他新色彩。通常所说的三原色为红、黄、蓝。

间色：又叫二次色，由红、黄、蓝三色中的任意两种原色相互混合而成。通常所说的三间色为橙、绿、紫。

复色：又叫三次色，由三种原色调配或间色与间色调配而成，形成接近黑色效果。复色纯度低、种类繁多，但多数较暗灰，易显脏。

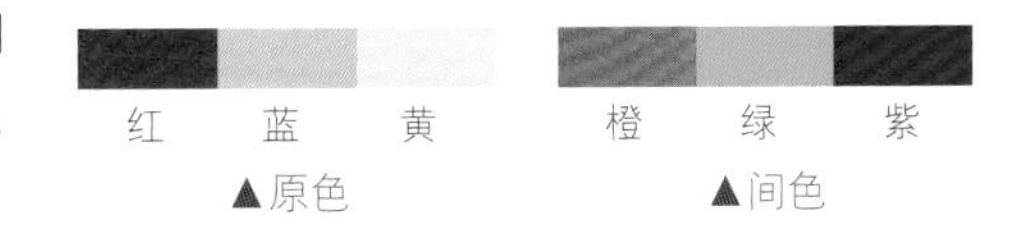

▲原色　▲间色

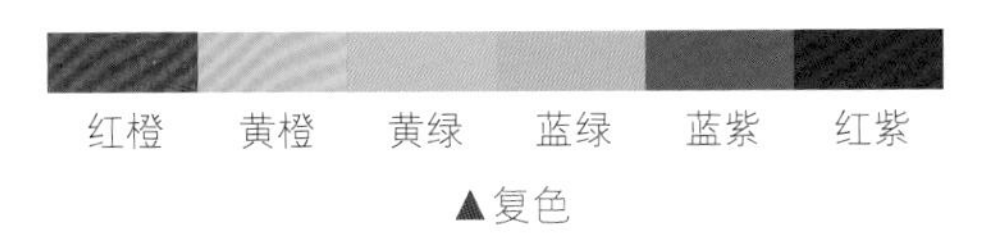

▲复色

三、色彩属性

色相：当人们称呼一种色彩为红色，另一种色彩为蓝色时，即为色相，是一种色彩区别于其他色彩最准确的标准。即便是同一类颜色，也能分为几种色相，如蓝色可以分为浅蓝、深蓝、灰蓝等。

明度：色彩明亮程度，明度越高的色彩越明亮，反之越暗淡。所有色彩中白色明度最高，黑色明度最低。另外，同一色相的色彩，添加白色越多明度越高，添加黑色越多明度越低。

纯度：色彩鲜艳程度，也叫饱和度、彩度或鲜度。所有色彩中纯色纯度最高，无彩色纯度最低。视觉感受上，纯度越高的色彩给人感觉越活泼，加入白色调和的低纯度使人感觉柔和，加入黑色调和的低纯度使人感觉沉稳。

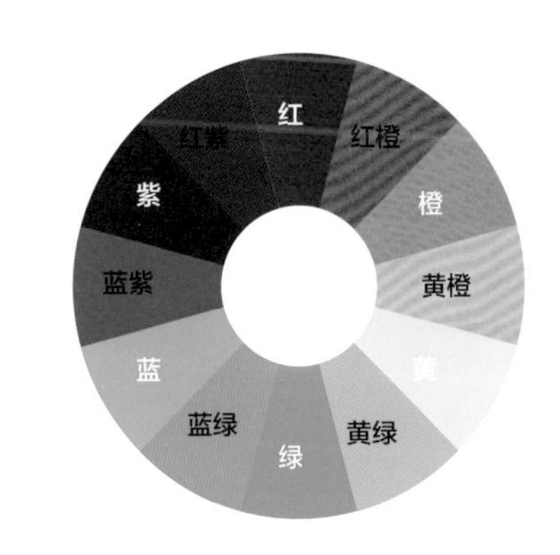

▲ 12 色相环

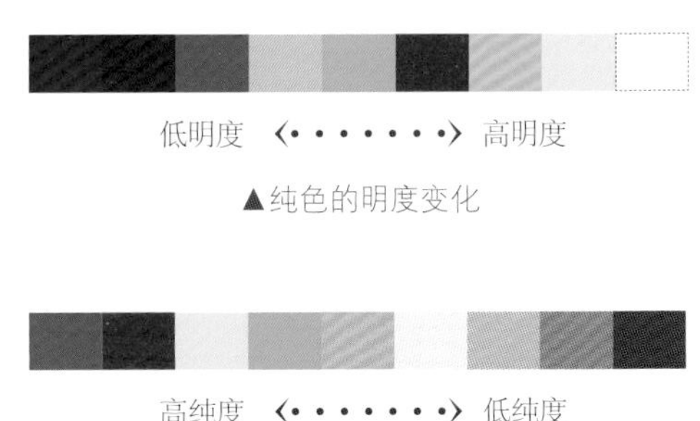

▲纯色的明度变化

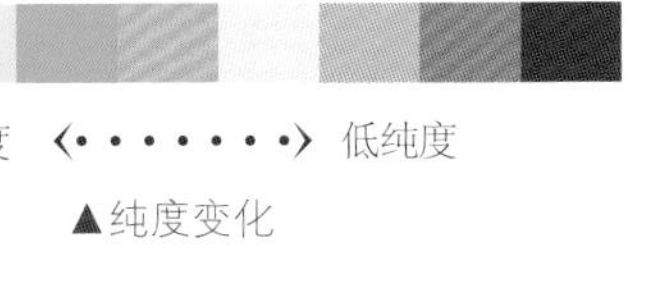

▲纯度变化

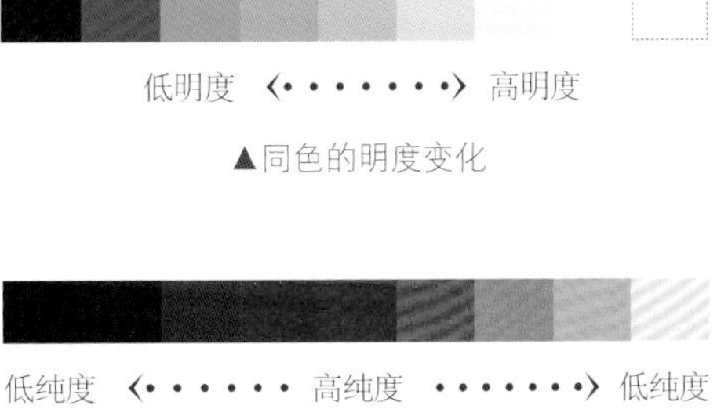

▲同色的明度变化

▲同色的纯度变化

四、色彩寓意

红色

红色象征活力、健康、热情、喜庆、朝气、奔放，能够引发人兴奋、激动的情绪。在居室设计中若少量点缀使用，会显得具有创意；而若大面积使用高纯度红色，则容易使人烦躁；可以降低其明度和纯度，能够戏剧性地变得具有女性特质或带有沉稳气息。

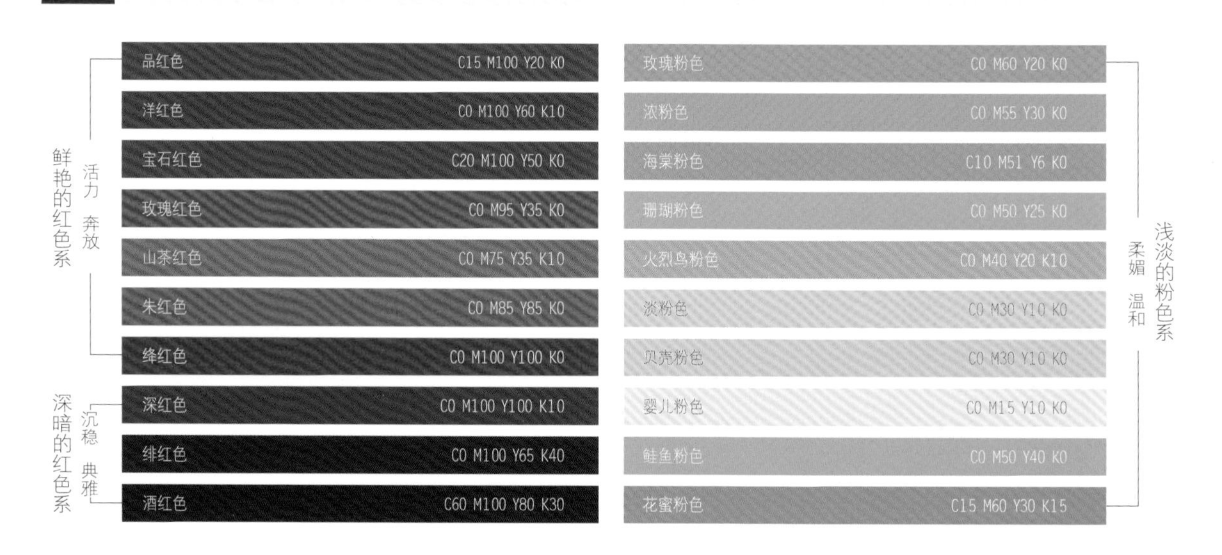

黄色

黄色是积极的色相，使人感觉温暖、明亮，象征着快乐、希望。黄色大面积在家居中使用，提高明度会更显舒适，特别适用于采光不佳的房间及餐厅。若采用明度较暗的黄色，则能体现出一种复古、沉郁感。

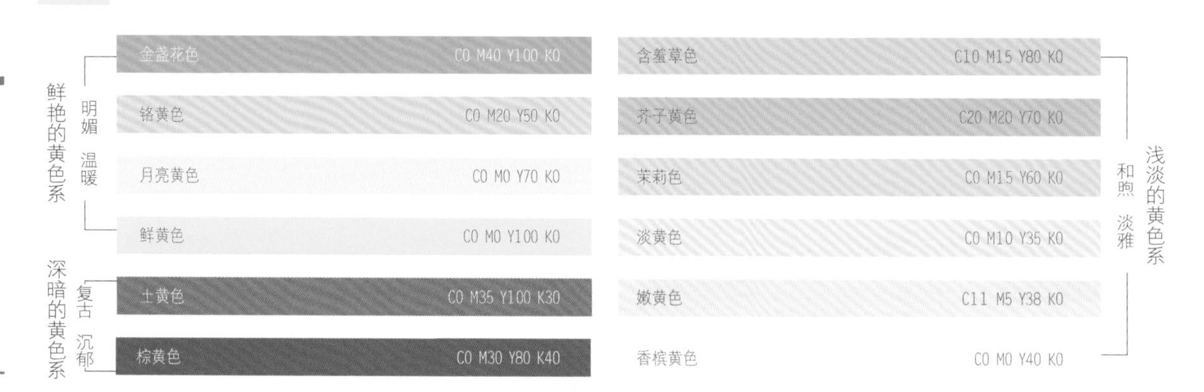

橙色

橙色兼备红色的热情和黄色的明亮，能够激发人们的活力、喜悦、创造性，用在采光差的空间能够弥补光照的不足。需要注意的是，尽量避免在卧室和书房中过多地使用纯正的橙色，否则会使人感觉过于刺激，建议降低纯度和明度后使用。

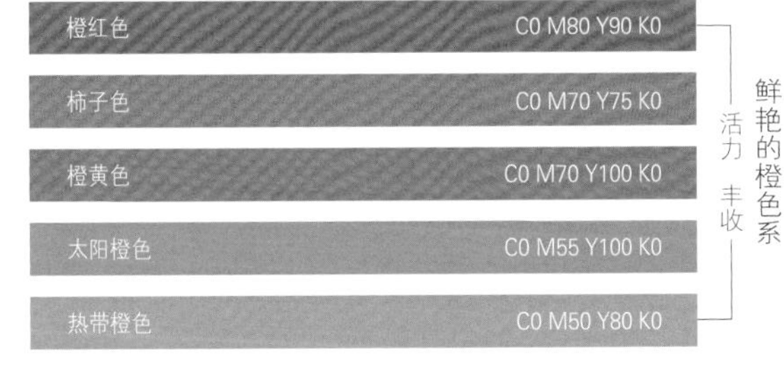

蓝色

蓝色为冷色，是和理智、成熟有关系的颜色，适合用在卧室、书房、工作间和压力大的居住者的房间中。在空间软装使用时，可以搭配一些跳跃的色彩，避免产生过于冷清的氛围。同时，蓝色是后退色，能够使房间显得更宽敞。

青金石色 C95 M80 Y0 K0

石青色 C100 M70 Y40 K0

蓝绿色 C95 M25 Y45 K0

天蓝色 C100 M35 Y10 K0

钴蓝色 C95 M60 Y0 K0

海蓝色 C100 M60 Y30 K35

深蓝色 C100 M95 Y50 K50

复古的深蓝色系

干净 通透

绿色

绿色属于中性色，加入黄色多则偏暖，体现出娇嫩、年轻及柔和的感觉；加入青色多则偏冷，带有冷静感。绿色具有稳定情绪的作用，常被用来作为软装主色。另外，绿色和蓝色一样具有视觉收缩的效果，在房间里不会产生压迫感。

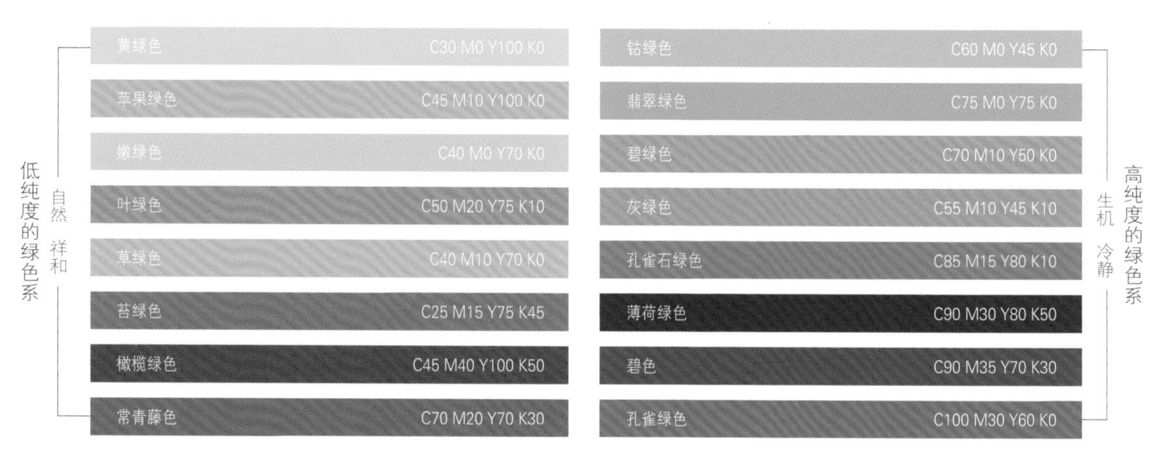

紫色

紫色由温暖的红色和冷静的蓝色调和而成，是一种幻想色，既优雅又温柔，既庄重又华丽。在室内设计中，深暗色调的紫色不太适合体现欢乐氛围的居室，如儿童房；另外，男性空间也应避免艳色调、明色调和柔色调的紫色。

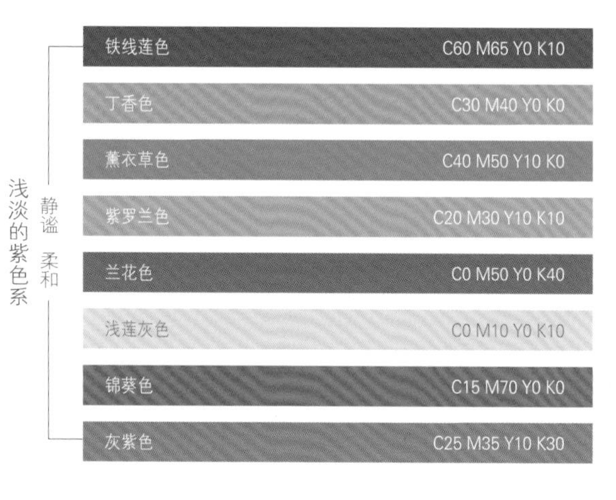

黑白灰系列

黑、白、灰系列没有明显的色彩感，单独使用会显得单调乏味。一般会采用两种以上的色彩同时作为室内色彩的主色调。其中，黑色是明度最低的色彩，给人深沉、神秘、寂静、悲哀、压抑的感觉；白色是明度最高的色彩，给人明快、纯真、洁净的感受；灰色则给人温和、谦让、中立、高雅的感觉，具有沉稳、考究的装饰效果。

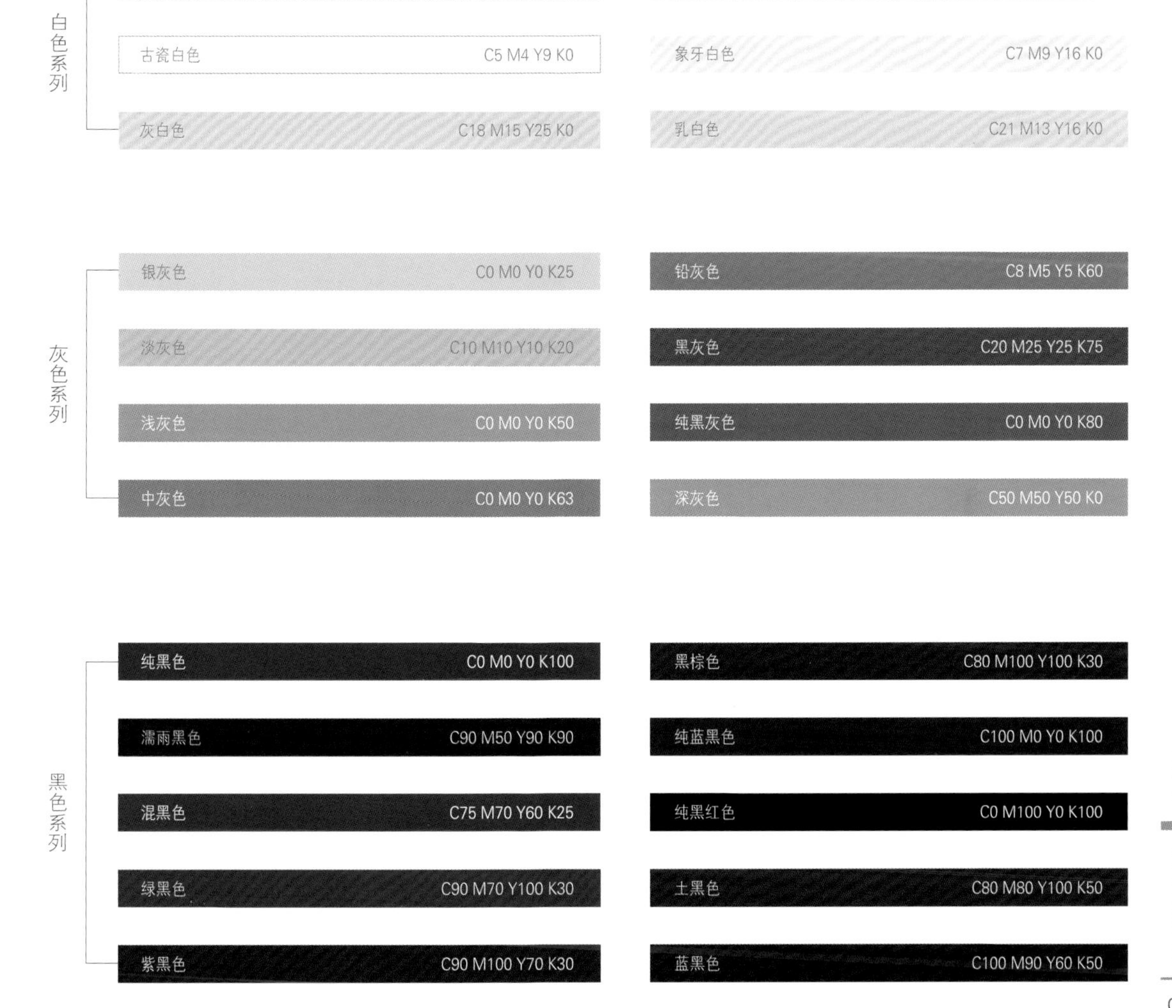

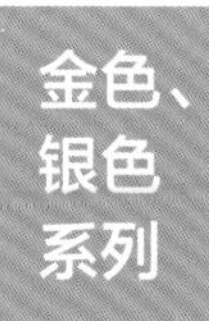

金色具有极其醒目的作用和绚烂感，会产生光明、华丽、辉煌的视觉效果，特别适用于采光不佳的空间。银色气质冷艳，极具未来感。另外，闪闪的银色轻盈、剔透，可以给压力繁重、心浮气躁的现代人带来些许放飞自我的轻松气息。

金光色 C18 M45 Y84 K0
金黄色 C26 M50 Y95 K0
古金黄色 C10 M39 Y93 K0
水银色 C31 M19 Y24 K0
暗水银色 C56 M47 Y37 K0

五、色彩角色

背景色：占据空间中最大比例的色彩（占比 60%），通常为家居中的墙面、地面、顶面、门窗、地毯等大面积色彩，是决定空间整体配色印象的重要角色。一般会采用比较柔和的淡雅色调，给人舒适感；若追求活跃感或华丽感，则使用浓郁的背景色。

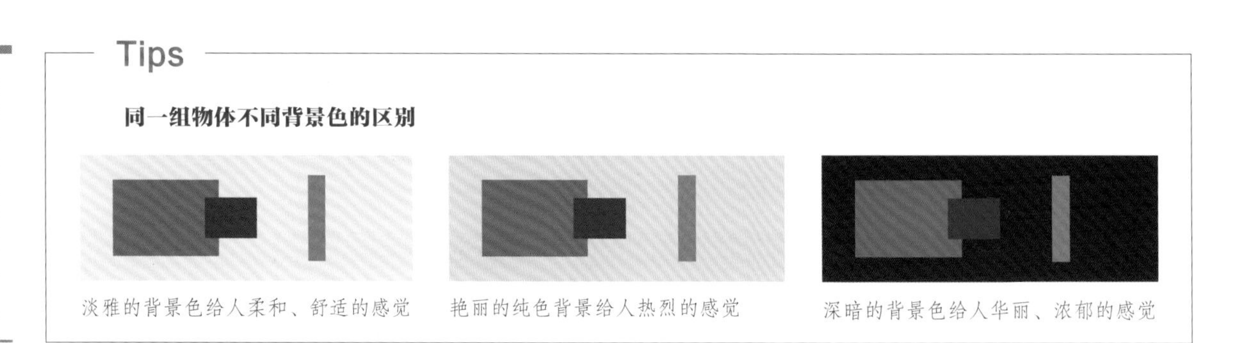

同一组物体不同背景色的区别

淡雅的背景色给人柔和、舒适的感觉　艳丽的纯色背景给人热烈的感觉　深暗的背景色给人华丽、浓郁的感觉

主角色：居室主体色彩（占比 20%），包括大件家具、装饰织物等构成视觉中心的物体色彩，是配色中心。主角色不是绝对性的，不同空间主角色有所不同；如客厅的主角色是沙发，餐厅的主角色可以是餐桌，也可以是餐椅，而卧室的主角色绝对是睡床。

Tips

空间配色可以从主角色开始

一个空间的配色通常从主要位置的主角色开始进行，例如选定客厅的沙发为红色，然后根据风格进行墙面即背景色的确立，再继续搭配配角色和点缀色，这样的方式使主体突出，不易产生混乱感，操作起来也比较简单。

主角色确定为红色　　展开“融合型”配色　　展开“突出型”配色

配角色：常陪衬主角色（占比 10%），视觉重要性和面积次于主角色。通常为小家具，如边几、床头柜等的色彩，使主角色更突出。若配角色与主角色呈现出对比，则显得主角色更为鲜明、突出；若与主角色临近，则会显得松弛。

Tips

配角色的面积要控制

通常配角色所在的物体数量会多一些，需要注意控制住它的面积，不能使其超过主角色。

× 配角色面积过大，致使主次不分明

√缩小配角色面积，形成主次分明且有层次的配色

通过对比凸显主角色的方法

通常配角色所在的物体数量会多一些，需要注意控制住它的面积，不能使其超过主角色。

蓝色为主角色，搭配相近色

提高两者的色相差

对比色，更加凸显了蓝色

点缀色：居室中最易变化的小面积色彩（占比 10%），如工艺品、靠枕、装饰画等。点缀色通常选择与所依靠的主体具有对比感的色彩，来制造生动的视觉效果。若主体氛围足够活跃，为追求稳定感，点缀色也可与主体颜色相近。

Tips

① 点缀色的面积不宜过大

搭配点缀色时，注意点缀色的面积不宜过大，面积小才能够加强冲突感，提高配色的张力。

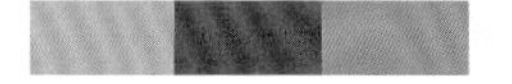

× 红色的面积过大，产生了对决的效果

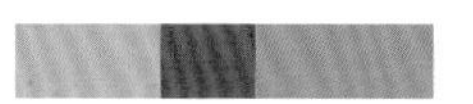

√缩小红色的面积，起到画龙点睛的作用

② 点缀色的点睛效果

× 点缀色过于淡雅，不能起到点睛作用

√高纯度的点缀色，使配色变得生动

同一个空间中，色彩的角色并不局限于一个颜色，如客厅中顶面、墙面和地面的颜色常常是不同的，但都属于背景色。一个主角色通常也会有很多配角色来陪衬，协调好各个色彩之间的关系也是进行家居配色时需要考虑的。

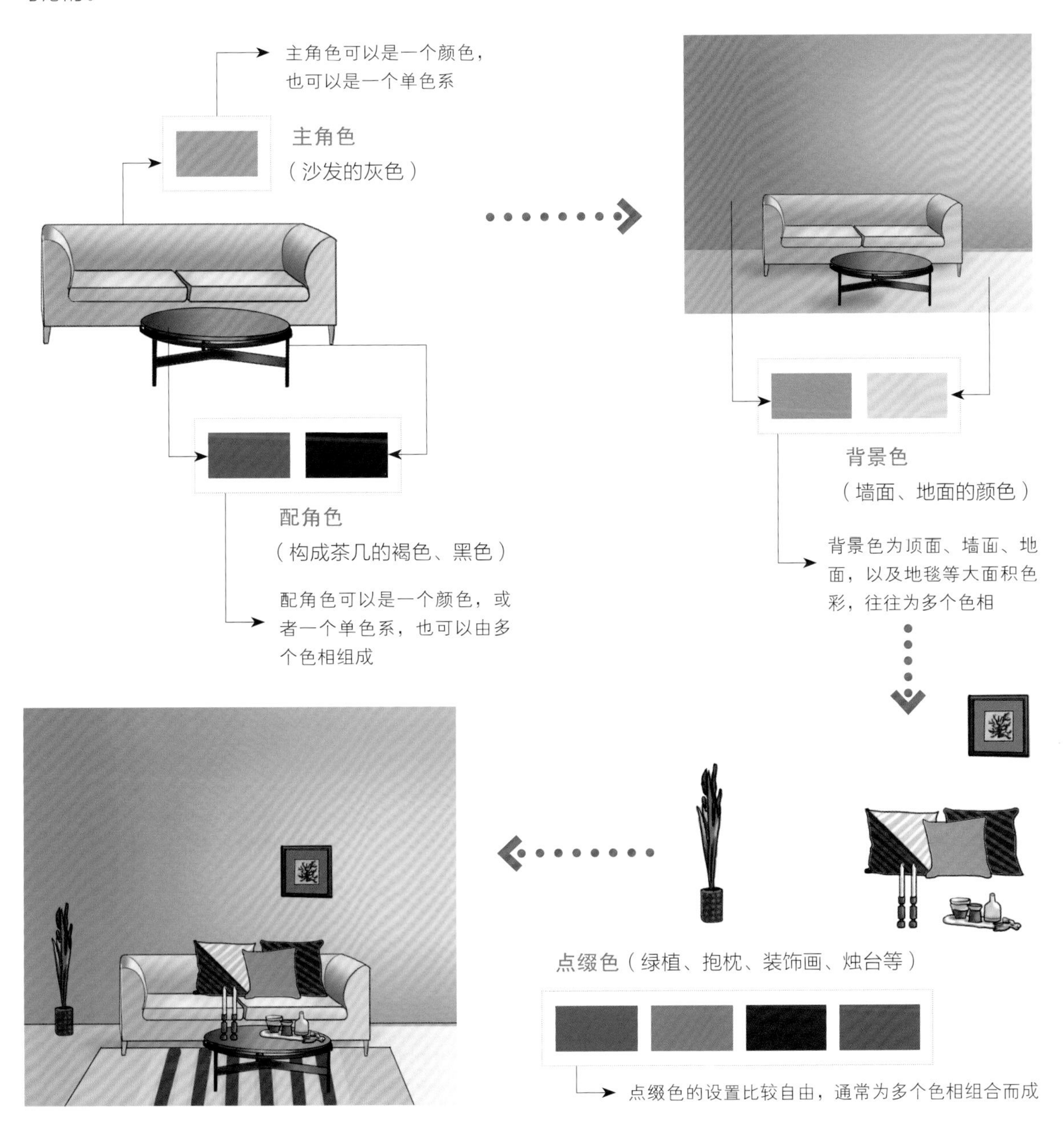

六、色相型配色

同相型： 同一色相中，在不同明度及纯度范围内变化的色彩为同相型，如深蓝、湖蓝、天蓝，都属于蓝色系，只是明度、纯度不同。同相型属于闭锁型配色，效果内敛、稳定，适合喜欢沉稳、低调感的人群。配色时，主角色和配角色可采用低明度的同相型，给人力量感。

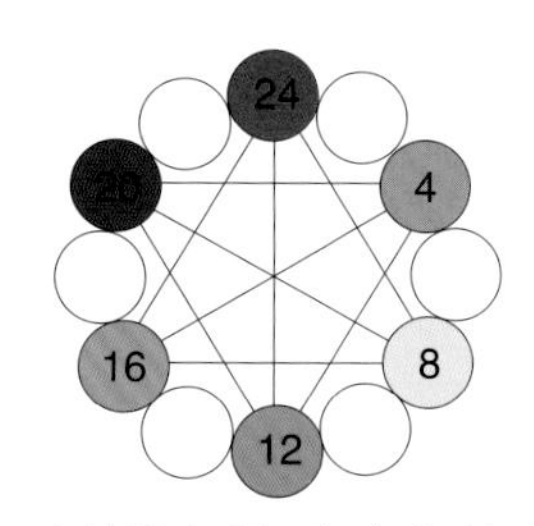

▲以图中 24# 红色为例，加入黑色或白色，改变其色彩的明度、纯度，出现的色彩均为其同相型配色

同类型： 色相环上临近的色相互为同类型，与其成 90° 角以内的色相均为同类型。如以天蓝色为基色，黄绿色和蓝紫色右侧的色相均为其同类型色彩。同类型属于闭锁型配色，比同相型的层次感更明显。若配角色与背景色为同类型配色，则给人平和、舒缓的整体感。

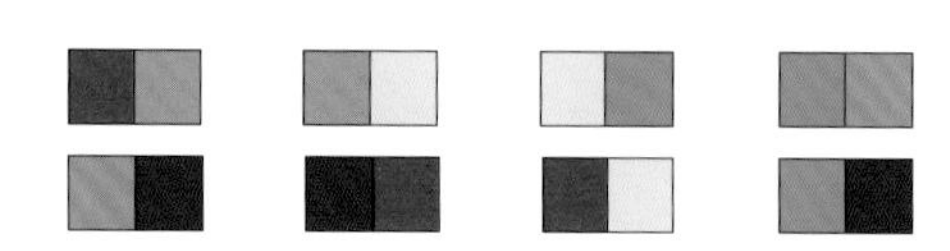

▲常见的同类型配色

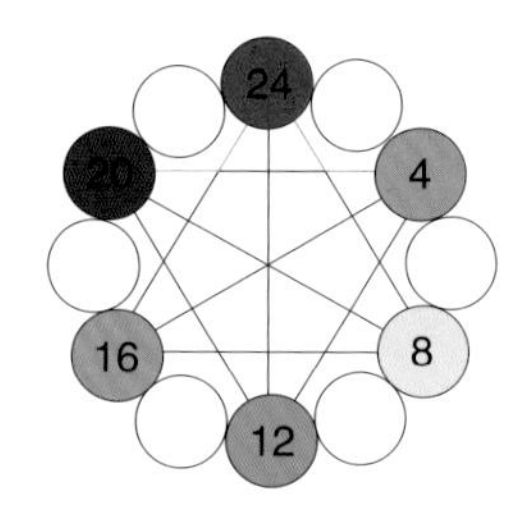

▲以图中 24# 红色为例，与之邻近的 4# 橙色、20# 紫色均为其同类型配色

互补型： 以一个颜色为基色，与其成 180° 角的直线上的色相为其互补色，如黄色和紫色、蓝色和橙色、红色和绿色。互补型属于开放型配色，可令家居环境显得华丽、紧凑、开放，适合追求时尚、新奇事物的人群。配色时，若背景色明度略低，可用少量互补色作点缀，能够增添空间活力。

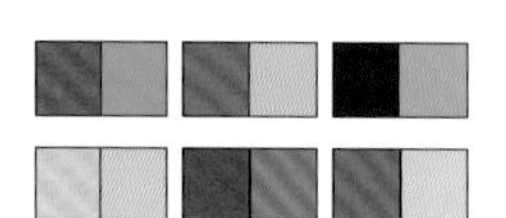

▲常见红和绿搭配的各种配色情况

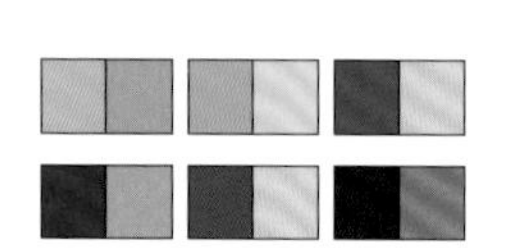

▲常见蓝和橙搭配的各种配色情况

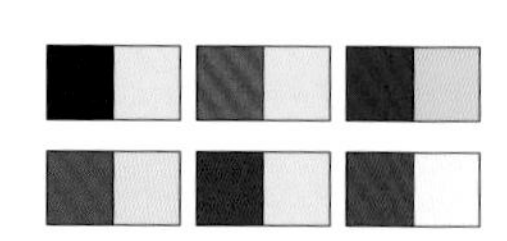

▲常见紫和黄搭配的各种配色情况

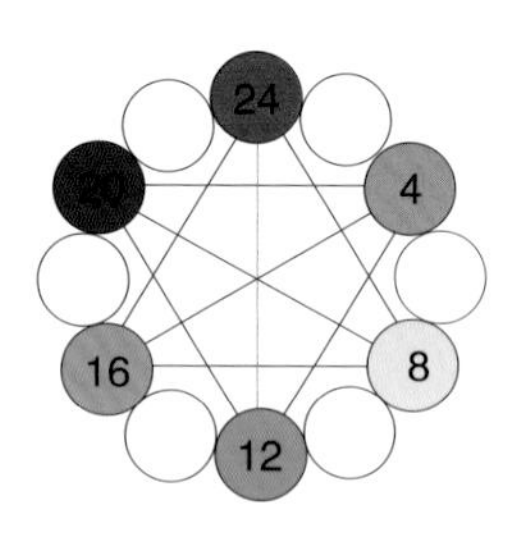

▲以图中 24# 红色为例，与之相对的 12# 绿色为其互补型配色

冲突型：色相冷暖相反，将一个色相作基色，与其成 120° 角的色相为其对比色，该色左右位置上的色相也可视为基色的对比色，如黄色和红色可视为蓝色的对比色。冲突型属于开放型配色，具有强烈视觉冲击力，活泼、华丽。若降低色相明度及纯度进行组合，刺激感会有所降低。

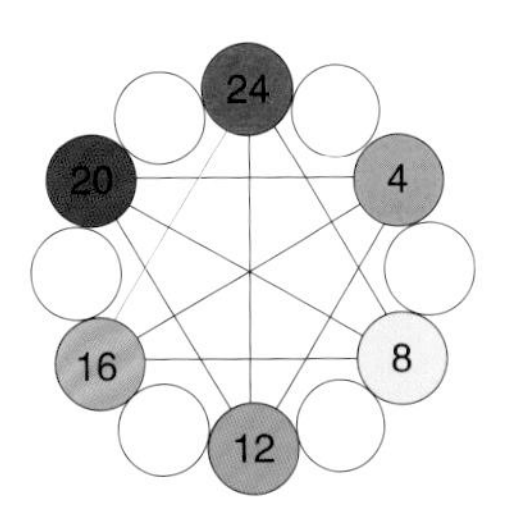

▲以图中 24# 红色为例，与之相对的 16# 蓝色为其冲突型配色

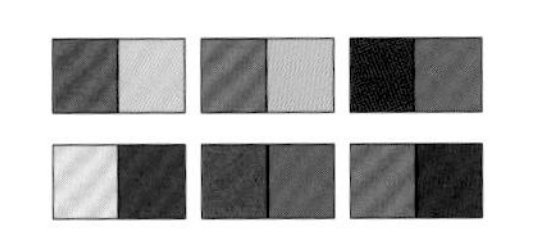

▲常见的红、蓝冲突型配色

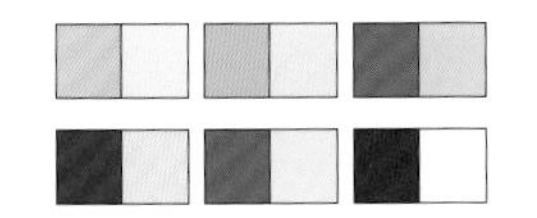

▲常见的黄、蓝冲突型配色

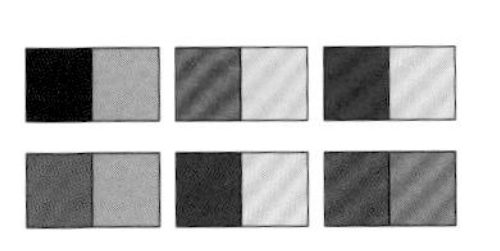

▲常见的紫、橙冲突型配色

三角型：色相环上位于正三角形位置上的色彩搭配，最具代表性的是三原色组合，具有强烈的动感，三间色组合则温和一些。三角型配色最具平衡感，具有舒畅、锐利又亲切的效果。若采用一种纯色加两种明度或纯度有变化的色彩搭配，可以降低配色的刺激感。

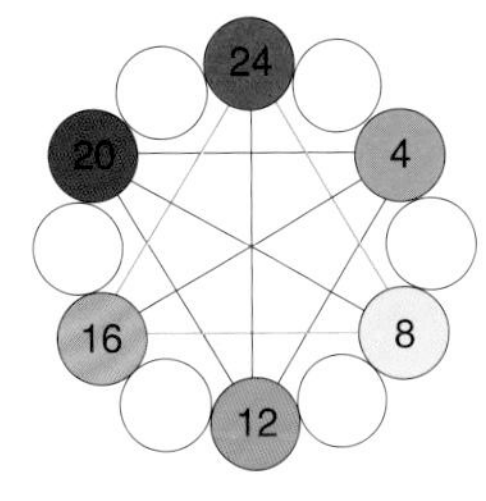

▲以图中 24# 红色为基准，与之形成正三角型的 16# 蓝色、8# 黄色组成三角型配色

▲常见的纯色三角型搭配

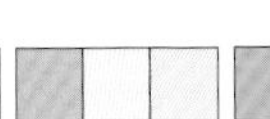

▲常见的混合色三角型搭配

四角型：将两组同类型或互补型配色进行搭配，属于开放型配色，营造醒目、安定、有紧凑感的家居环境，比三角型配色更开放、更活跃。若采用软装点缀或本身包含四角形配色的软装，则更易获得舒适的视觉效果。

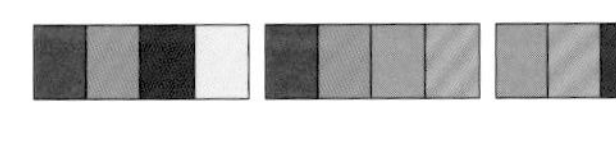

▲常见的四角型搭配

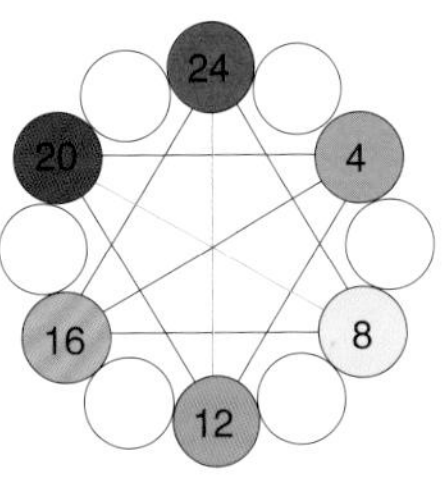

▲图中 24#、12#，20#、8# 为两组互补型组成的四角型配色

全相型：无偏颇地使用全部色相进行搭配的类型，通常使用的色彩数量有五种或六种，属于开放型配色，最为开放、华丽。配色时需注意平衡，若冷色或暖色中的其中一类色彩选取过多，则容易变成互补型或同类型。

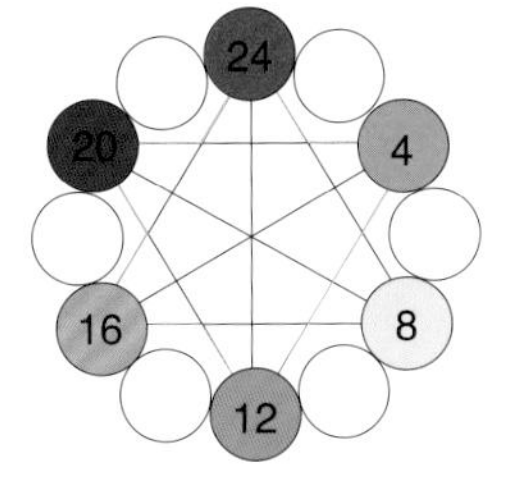

▲图中 24#、4#、12#、16#、20# 为五相型配色

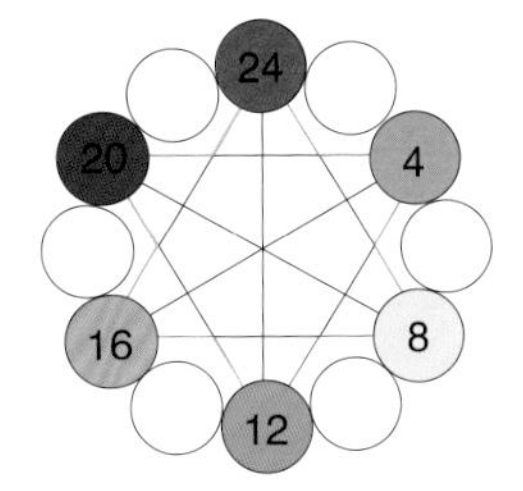

▲图中 24#、4#、8#、12#、16#、20# 为六相型配色

七、色调型配色

纯色调

不掺杂任何黑、白、灰色，是最纯粹的色调，也是淡色调、明色调和暗色调的衍生基础。但由于这种色彩没有混入其他颜色，因此具有刺激感，在家居中大面积使用时要注意搭配。

浓 热 力 开 活 积
厚 情 量 放 力 极

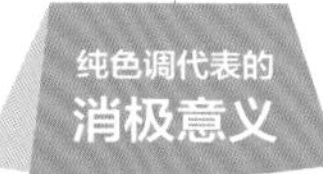

激 花 肤 低
烈 哨 浅 档

明色调

纯色调加入少量白色形成的色调，完全不含有灰色和黑色。家居配色时，可增加明度相近的对比色，营造活泼而不刺激的空间感受。

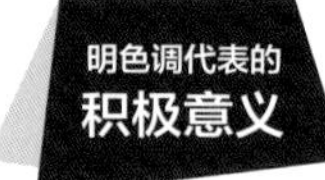

纯 舒 年 轻 明 平
真 适 轻 松 快 和

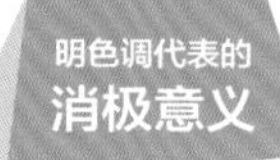

廉 轻 浮
价 浮 躁

淡色调

纯色调中加入大量白色形成的色调，且没有加入黑色和灰色，将纯色的鲜艳感大幅度减低。家居配色时，应避免运用大量淡色调而致使空间寡淡，可用少量明色调作点缀，或利用主角色来形成空间焦点。

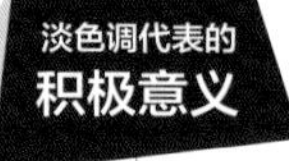

温 梦 淡 柔 浪 纤
柔 幻 雅 软 漫 巧

廉 轻 柔
价 浮 弱

浓色调

在纯色中加入少量黑色形成的色调。在家居配色时，为减轻浓色调的沉重感，可用大面积白色融合，增强明快感觉。

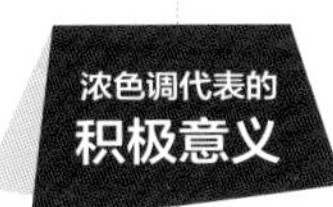

豪华 沉稳 内敛 动感 强力 厚重

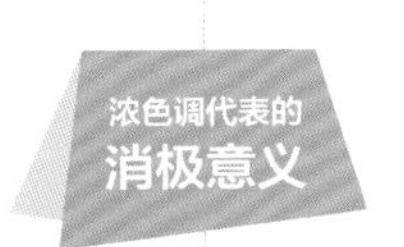

疏离 压抑

暗色调

纯色加入大量黑色形成的色调，融合了纯色调的健康和黑色的内敛，在所有色调中最威严、厚重。在主角色为暗色调的空间，加入少量明色调作点缀色，可中和暗沉感。

古老 安稳 坚实 传统 复古 坚实

暗沉 压抑 刻板

微浊色调

纯色加入少量灰色形成的色调，兼具纯色调的健康和灰色的稳定，比纯色调的刺激感有所降低。若作为主角色，可搭配明浊色调的配角色，塑造素雅、温和的色彩印象。

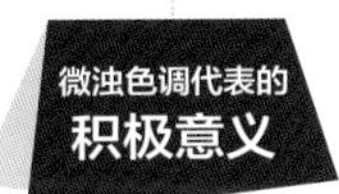

朴素 高级 素净 雅致 内涵 高雅

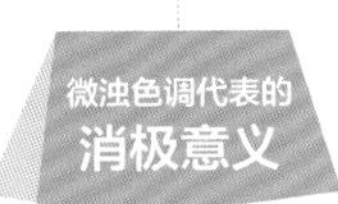

乏味 寡淡

暗浊色调

纯色加入深灰色形成的色调，兼具暗色的厚重感和浊色的稳定感。家居配色时，可用适量明色调作点缀色的方式，避免暗浊色调的空间暗沉感。

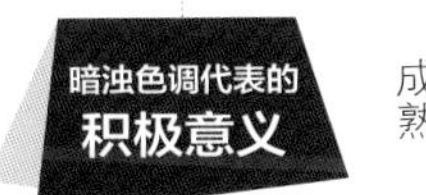

成熟 古朴 稳定 稳重 安静 朴素

世故 保守

明浊色调

在淡色调中加入一些明度高的灰色，形成明浊色调，适合高品位、有内涵的空间。家居配色时，可利用少量微浊色调进行搭配，丰富空间的层次，且显得稳重。

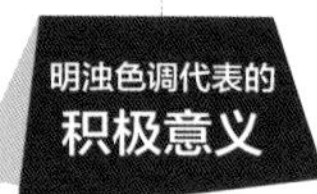

现代 冷静 都市 高端 高雅

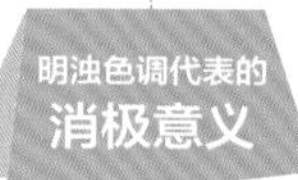

消极 冷漠

两种色调搭配

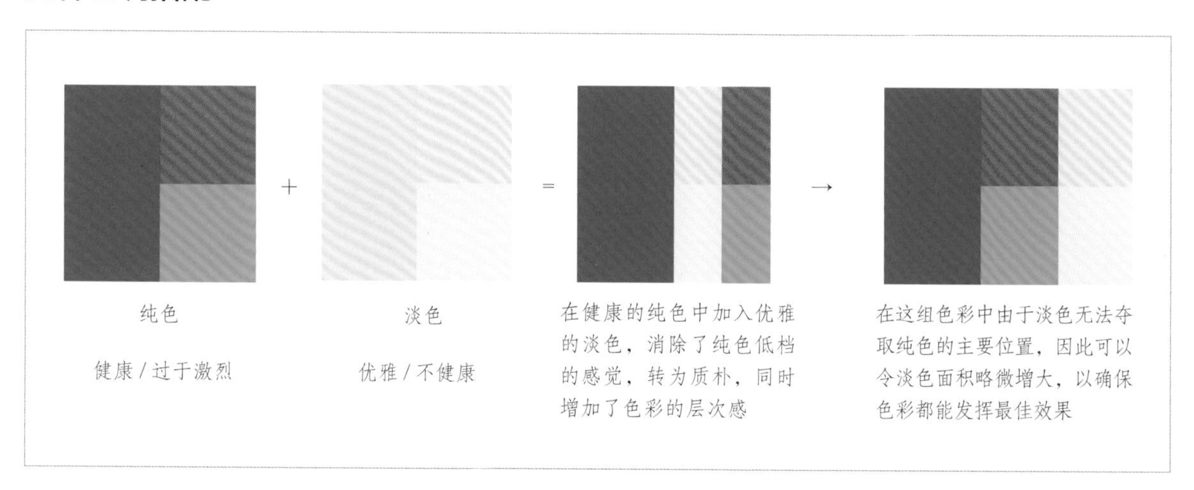

三种色调搭配

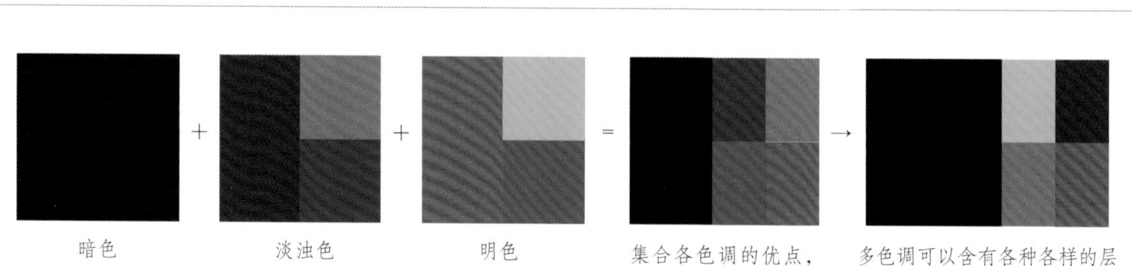

第二章 室内配色方案

一、同相色搭配

热烈生动

将浓色调的红色运用在家居中的背景色或主角色中，由于面积的绝对优势，给人带来强烈的视觉冲击。为了缓解过多红色带来的压迫感，最适合运用无色系中的白色和灰色来搭配，其较高的明度可以在一定程度上提亮空间，令整体氛围热烈中不失生动。

C45 M98 Y100 K15　C30 M35 Y29 K0

C16 M90 Y86 K0　C52 M100 Y100 K37　C29 M21 Y22 K0

C27 M100 Y100 K0　C0 M0 Y0 K0　C17 M78 Y81 K0

C16 M90 Y86 K0　C52 M100 Y100 K37　C29 M21 Y22 K0

复古浓郁

暗色调红色若在空间中大面积使用，会带来一种强烈的戏剧性，比较适合营造具有艺术化需求的空间，不太适用表达温馨、舒适的大众化家居。在使用时，可以将暗色调的红色表现在花纹之中，为空间更添一分变化的美感。

● C20 M88 Y62 K17　● C30 M75 Y43 K82　● C0 M0 Y0 K100

● C64 M91 Y85 K58　● C28 M45 Y34 K0

● C29 M81 Y72 K43　● C59 M87 Y69 K33

优雅温柔

将红色的纯度降到非常低，并提高明度，就形成了一种非常优雅、温柔的色彩——浅粉色。这种色彩会带来纯情、梦幻的少女感，若再以浅木色或白色进行调和，会有自然、灵动的温柔感，而如果点缀少量黑色，则可以加强空间的稳定性。

○ C0 M0 Y0 K0　● C0 M0 Y0 K100　● C17 M22 Y16 K0

● C18 M26 Y22 K0　○ C0 M0 Y0 K0

C10 M27 Y6 K3　C43 M64 Y76 K2　C0 M0 Y0 K100

C29 M61 Y59 K0　C5 M25 Y15 K0　C0 M0 Y0 K0

C23 M33 Y25 K0　C0 M0 Y0 K0

C14 M20 Y18 K0　C30 M33 Y31 K0　C0 M0 Y0 K0

梦幻纯真

无论是柔和的浅粉色，还是鲜嫩的樱花粉，都非常适合营造梦幻、纯真的女儿房。将其大面积的运用在空间的背景色中，再结合一些花纹图案或花边造型，令整个空间都散发出一种迷人味道，为家中的小女儿打造出可以做一辈子公主梦的空间。

C20 M27 Y20 K0　C11 M37 Y20 K0　C25 M20 Y24 K0

C24 M33 Y22 K0　C16 M18 Y16 K0　C0 M0 Y0 K0

C34 M48 Y52 K0　C25 M34 Y55 K0　C0 M0 Y0 K0

C27 M31 Y23 K0　C42 M38 Y39 K0　C0 M0 Y0 K0

浪漫精致

浪漫、优雅的樱花粉层层叠叠地渲染到室内，令人仿佛误入一片花海，将室内映衬得温馨、灿烂。与其他不同色调的粉色交织、组合，形成富有艺术感的氛围，将空间的情绪维持在感性与理性的中间，既不会过于女性化，也不会太过冷硬。

C33 M42 Y27 K0　C59 M100 Y87 K53　C0 M0 Y0 K0

C15 M18 Y11 K0　C26 M64 Y51 K0　C48 M100 Y57 K6

C26 M31 Y27 K0　C45 M71 Y78 K6　C0 M0 Y0 K0

C30 M23 Y19 K0　C15 M23 Y13 K0　C41 M87 Y68 K56

华丽明艳

橙色的艳丽和金色的奢华渗透进家居里，那一抹悦动温暖的点缀，其时尚、锐利的色泽可瞬间紧抓视线，呈现出惊艳、优雅的视觉观感。这样的配色打破了传统的循规蹈矩，既能演绎简约奢华，又彰显了优雅风情。

C52 M47 Y65 K0　C34 M80 Y100 K1　C0 M0 Y0 K0

C13 M73 Y77 K0　C43 M55 Y75 K1　C0 M0 Y0 K0

C31 M85 Y99 K0　C27 M39 Y59 K3　C0 M0 Y0 K0

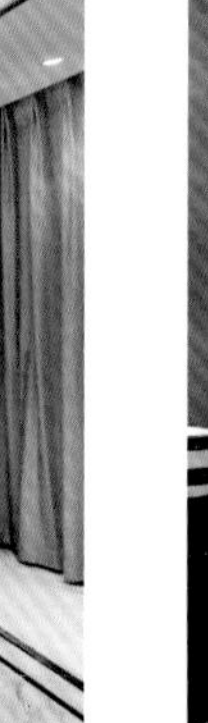

C0 M0 Y0 K0　C4 M63 Y68 K0　C37 M45 Y71 K0

舒适温暖

自带温度的黄色可以给人带来温暖感与安全感，不会显得过于刺激和突兀，若结合一些金色材质，则能够使整体空间看上去精致又温暖。而白色的辅助使用，亦是构成温暖空间的重要组成部分。

C15 M28 Y57 K8　C0 M0 Y0 K0

C0 M0 Y0 K0　C47 M56 Y88 K2　C29 M43 Y61 K0

C0 M0 Y0 K0　C41 M38 Y76 K0　C0 M0 Y0 K100

自然生机

将明度较高的绿色作为室内的大面积配色，其清透的色彩就像是被细细的筛网滤过一般，让人有可以自由呼吸的空间。若再结合白色增加通透感，便可轻易烘托出一个生机盎然的空间。

C30 M5 Y62 K0　C79 M49 Y99 K18　C0 M0 Y0 K0

C47 M25 Y85 K0　C74 M60 Y100 K31　C0 M0 Y0 K0

C84 M65 Y92 K7　C0 M0 Y0 K0

舒缓细腻

带有灰调的绿色柔软、舒缓，勾勒出细腻、高级的感觉。结合莹润、亮泽的珍珠白，与温润、舒适的浅木色做调剂，搭配出简单中不失精致、内敛的居家环境。如此充满着小清新气息的色彩搭配，可以使空间变得自然、清雅，适宜居住。

C28 M12 Y20 K0　C83 M62 Y85 K33　C0 M0 Y0 K0

C25 M10 Y26 K0　C91 M76 Y83 K38　C0 M0 Y0 K0

C64 M55 Y67 K12　C0 M0 Y0 K0　C0 M0 Y0 K100

C72 M59 Y70 K17　C36 M11 Y18 K0　C42 M22 Y38 K0　C0 M0 Y0 K0

浓郁沉稳

在绿色中加入大量黑色，就成了浓郁但又不失生机的墨绿色，是一种郁郁葱葱的森林色彩，把绿色系的生机暗藏于内，不动声色之中尽显高贵与大方。墨绿色在室内的大面积使用，恰到好处地表达出空间的复古与沉稳。

C85 M64 Y59 K18　C51 M30 Y25 K0　C0 M0 Y0 K0

C89 M49 Y83 K11　C92 M64 Y64 K23　C0 M0 Y0 K0

C64 M46 Y67 K74　C79 M62 Y74 K27　C0 M0 Y0 K0

C75 M37 Y54 K43　C0 M0 Y0 K0

C87 M54 Y78 K27 C71 M55 Y81 K24 C38 M31 Y41 K0

C82 M35 Y57 K34 C20 M12 Y12 K0

C67 M37 Y51 K40 C84 M54 Y85 K30 C0 M0 Y0 K0

C61 M26 Y49 K14 C20 M16 Y17 K0 C0 M0 Y0 K0

平静柔和

清透、柔和的浅蓝色，让人感到轻松与舒心，最适宜打造平和宁静、纯净治愈的生活空间。将其大面积用于居室背景铺陈，结合白色的搭配使用，即使是最简单的两个色彩组合，也能使整个空间中充满优雅、恬静之感，给人眼前一亮的视觉感受。

C51 M29 Y15 K0　C11 M10 Y12 K0　C24 M40 Y70 K0

C63 M31 Y25 K0　C17 M17 Y23 K0　C0 M0 Y0 K0

C69 M47 Y44 K0　C0 M0 Y0 K0

C68 M22 Y16 K0　C0 M0 Y0 K0　C26 M16 Y25 K0

通透干净

将纯净、通透的蓝色作为室内设计中的大面积配色，可以奠定出优雅的空间氛围，再利用白色进行搭配，整体空间温柔中不失高级感；细节之处的点缀色可以采用降低纯度的蓝色，使整体配色和谐又不失层次感。

● C90 M80 Y25 K0　● C76 M39 Y16 K0　○ C0 M0 Y0 K0

● C59 M37 Y15 K2　● C100 M98 Y45 K1　○ C0 M0 Y0 K0

清雅高级

带有灰调的蓝色作为墙面背景色，渲染出理性的基调，再利用不同纯度的蓝色进行搭配，更显清爽感。若同时加入白色、灰色或木色调剂，则令空间有了清雅、高级的视觉效果。

C29 M10 Y6 K0　C41 M19 Y22 K0　C39 M41 Y39 K0

C37 M25 Y20 K0　C38 M34 Y34 K0

C41 M25 Y16 K7　C85 M61 Y42 K8　C55 M48 Y54 K16

C51 M33 Y25 K0　C99 M93 Y55 K26　C63 M54 Y58 K4

理性沉静

浓色调的蓝色少了几分清爽，多了几分理性，这种色彩可以大面积运用在空间的背景色以及主角色之中，低明度的色调不会令人觉得过于刺激，反而奠定出空间沉稳、冷静的基调，适合表达硬朗的空间氛围。

● C99 M74 Y8 K0

○ C0 M0 Y0 K0
● 450 M60 Y83 K3

● C98 M90 Y51 K24　● C37 M54 Y70 K0　○ C0 M0 Y0 K0

● C99 M88 Y16 K0　● C63 M45 Y14 K0　○ C0 M0 Y0 K0

坚毅硬朗

以暗沉的蓝色作为背景色，能够凸显出坚毅、硬朗的空间特点，比较适合表达男性空间。由于色彩中添加了大量的黑色，因此容易给人带来过于沉郁的视觉观感，可以通过图案和材质来减弱色彩带来的压抑，或结合白色来调剂空间。

○ C0 M0 Y0 K0　● C52 M27 Y32 K12　● C84 M47 Y36 K29

● C87 M89 Y51 K23　● C40 M25 Y7 K1　○ C0 M0 Y0 K0

● C83 M58 Y21 K20　● C51 M28 Y33 K0　○ C0 M0 Y0 K0

● C87 M59 Y41 K32　● C87 M56 Y11 K0　● C62 M71 Y74 K26

C83 M64 Y23 K22　C76 M65 Y39 K51　C49 M53 Y64 K2

C67 M52 Y38 K27　C66 M55 Y49 K47　C23 M11 Y10 K0

C66 M50 Y33 K28　C92 M87 Y36 K55
C19 M23 Y47 K8

C56 M34 Y36 K18　C80 M59 Y44 K43
C0 M0 Y0 K0　C34 M36 Y34 K13

成熟优雅

相对粉色的柔美，紫色仿若更能体现出一种成熟、优雅的女性美。不论是明度略高的薰衣草紫，还是加入了一些灰调的佩斯利紫，均能令人在看到它的一瞬间，心情即刻变得愉快起来。若与灰白色调搭配使用，可以轻松打造出充满法式浪漫情调的空间。

C16 M15 Y12 K0　C63 M72 Y42 K2

C17 M12 Y13 K0　C40 M51 Y20 K0　C52 M75 Y52 K26

C14 M11 Y11 K0　C39 M61 Y19 K0

C58 M63 Y36 K3　C52 M47 Y32 K0　C0 M0 Y0 K0

温馨、低调的浅褐色永远不会让家显得呆板，无论在任何空间中，这种色彩的出现一定能让空间变得舒适、放松。运用亮白色与之搭配，再结合同色系的褐色，不仅可以为空间色彩带来平衡，而且也能够营造出沉着、自然的氛围。

C21 M22 Y21 K0　C39 M47 Y49 K0　C0 M0 Y0 K0

C13 M20 Y22 K0　C14 M58 Y78 K0　C0 M0 Y0 K0

C0 M0 Y0 K0　C33 M42 Y44 K0

质朴平和

熟褐色相对浅褐色多了几分沉稳，用白色做调剂，是经久不衰的温暖配色。在这样质朴、平和的氛围中，再加入冷静、理智的灰色调，可以增添几分现代感，也在视感上营造出悦动的感官体验。

C35 M46 Y47 K0
C0 M0 Y0 K0
C58 M57 Y55 K3

C0 M0 Y0 K0
C63 M70 Y69 K23
C16 M38 Y43 K0
C8 M42 Y87 K0

C10 M14 Y19 K0
C38 M52 Y60 K0
C0 M0 Y0 K0

C14 M15 Y19 K0
C23 M42 Y47 K15
C60 M78 Y92 K42

C32 M35 Y46 K0
C61 M59 Y59 K7
C65 M62 Y65 K49
C34 M45 Y54 K2
C41 M33 Y33 K0
C72 M64 Y77 K29
C43 M60 Y81 K6
C0 M0 Y0 K0
C0 M0 Y0 K100
C27 M39 Y47 K2
C47 M43 Y49 K0
C0 M0 Y0 K0

深厚大气

深色调的褐色是美妙而浓重的自然色，会使人联想到木材与岩石，可以营造出深厚、大气的环境氛围。再以同色系、不同明度和纯度的褐色搭配，以最平和的方式增加空间的色彩层次。

C56 M88 Y98 K43  C27 M26 Y22 K0 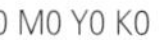 C0 M0 Y0 K0

 C69 M76 Y83 K51  C46 M48 Y56 K0 C16 M12 Y16 K0

 C71 M77 Y77 K48  C73 M72 Y71 K36  C36 M43 Y70 K0

白色是容纳力非常高的色彩，将其大面积运用到空间设计中，其洁净的色彩属性，可以塑造出干净的氛围基调。但大面积奶油白的运用，容易出现寡淡、清冷的视觉观感，不妨加入少量木色平衡，增添空间的舒适度。

○ C0 M0 Y0 K0　● C45 M39 Y40 K0　● C44 M51 Y56 K0

○ C0 M0 Y0 K0　● C29 M22 Y22 K0　● C71 M63 Y58 K12

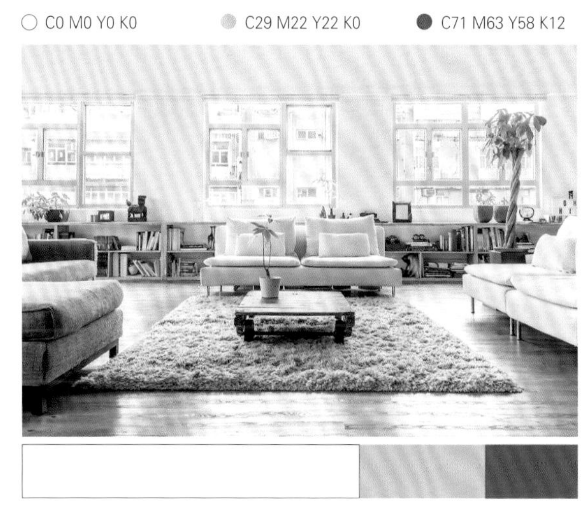

○ C0 M0 Y0 K0　● C60 M52 Y52 K1

○ C0 M0 Y0 K0　● C36 M32 Y34 K0　● C29 M32 Y43 K1

高级文艺

灰色的明度介于黑、白之间，运用到空间中能够增加时尚感，也能增添层次。当灰色的明度变高成为蒸汽灰时，则带有了一丝暖色的特征，柔和与轻松的感受袭来，可以使空间充满高级的文艺感。

C31 M27 Y27 K0  C44 M34 Y31 K0  C0 M0 Y0 K0

 C35 M26 Y27 K0　C14 M13 Y11 K0　C27 M34 Y38 K0

C21 M15 Y16 K0　C13 M13 Y12 K0

C14 M12 Y14 K0  C29 M21 Y24 K0　C82 M76 Y76 K57

沉静辽远

降低了明度的灰色显得更加沉静，其色泽仿佛是海天交接吞吐的云雾，有着细腻的质感，也有着清冷的格调。这种色彩可以兼容任何颜色，却又独一无二；能够独揽整个空间，增添空旷而又辽远的意境。

C51 M48 Y54 K0

C82 M75 Y64 K35

C30 M18 Y11 K0

C35 M55 Y63 K47

C74 M69 Y65 K26

C36 M43 Y53 K0

冷峻神秘

在传统的家居配色中，黑色是不宜大面积铺陈在空间之内的。其暗沉的色调很容易产生压抑感，但在一些强调艺术与颠覆的空间中，大面积黑色的出现则可以为空间描摹出冷峻、神秘的一面，让人忍不住想要窥探其内在表达的情绪。

● C56 M49 Y40 K37　● C65 M59 Y66 K83

● C61 M56 Y56 K61　● C83 M78 Y78 K60　● C40 M40 Y39 K0

C52 M52 Y55 K68

C26 M38 Y51 K28

C63 M58 Y56 K71

C66 M57 Y53 K9

C72 M65 Y65 K20

C0 M0 Y0 K100

C0 M0 Y0 K0

C46 M38 Y36 K21

C0 M0 Y0 K100

C37 M38 Y58 K26

二、同类色搭配

温暖宜居

红色和橙色都是属于阳光的色彩，同时出现在家居空间中，可以营造出温暖的氛围。若以无色系中的白色、灰色作为背景色或主角色，而红色和橙色表现在软装之中点缀出现，则整个空间更加适宜居住。

C0 M0 Y0 K0　C41 M35 Y37 K16

C35 M81 Y95 K2　C53 M87 Y74 K23

C26 M29 Y36 K0　C52 M53 Y67 K51

C28 M94 Y94 K51　C8 M64 Y94 K4

C16 M12 Y13 K1　C51 M54 Y57 K65

C14 M38 Y100 K4　C19 M97 Y95 K14

时尚妩媚

用时尚、妩媚的玫瑰红占据空间中的醒目位置，明确表达出具有女性特征的色彩印象；再用高纯度的黄色点缀，活跃了空间氛围。白色则象征纯洁、天真的一面，与玫瑰红、亮黄色的搭配具有节奏感，却不过分耀目。

C0 M0 Y0 K0
C12 M7 Y82 K0
C44 M95 Y47 K0
C0 M0 Y0 K100

C0 M0 Y0 K0
C14 M38 Y99 K0
C27 M85 Y12 K2
C0 M0 Y0 K100

C28 M38 Y44 K0
C14 M63 Y18 K0
C0 M0 Y0 K0
C11 M20 Y82 K0

温暖热烈

热烈的红色遇到明亮的黄色，注定可以上演一出让人心潮澎湃的剧集。相比红橙搭配，这两种色彩的碰撞更是让人眼前一亮。两种色彩无论哪一种作为主色，另一种作为辅色，都不会改变空间传达出的浓郁情愫。

C0 M0 Y0 K0　C32 M99 Y95 K2　C26 M29 Y72 K0

C0 M0 Y0 K0　C49 M99 Y93 K25　C25 M23 Y67 K0

C25 M26 Y18 K0　C19 M17 Y50 K0　C41 M100 Y83 K9

C0 M0 Y0 K0　C17 M20 Y22 K0　C24 M69 Y64 K16　C16 M9 Y65 K0

○ C0 M0 Y0 K0

● C26 M7 Y69 K0

● C37 M100 Y99 K4

○ C0 M0 Y0 K0

● C20 M87 Y73 K18

● C31 M27 Y26 K7

● C23 M50 Y98 K17

● C60 M52 Y52 K6

● C6 M18 Y84 K0

● C19 M75 Y65 K0

○ C0 M0 Y0 K0

● C33 M97 Y90 K1

● C11 M11 Y19 K0

● C8 M24 Y72 K0

稳重 安全

降低了饱和度的酒红色，有一种低调、沉稳的气息；与同样稳重的熟褐色相搭配，令整个空间具有了强烈的安全感。这两种色彩可以大面积铺陈在家居空间中，若再结合大量的木质和布艺材质，可以强调出空间的自然、温暖气息。

C29 M63 Y76 K41

C20 M16 Y24 K5

C21 M32 Y40 K0

C0 M0 Y0 K0

○ C0 M0 Y0 K0　● C36 M65 Y95 K3　● C39 M100 Y100 K18

● C28 M95 Y99 K41　● C22 M77 Y93 K25　○ C0 M0 Y0 K0

● C33 M91 Y69 K10　● C20 M34 Y45 K0　○ C8 M4 Y7 K0

● C25 M41 Y53 K16　● C25 M89 Y82 K35　● C37 M24 Y21 K4

大气庄严

红色是十分适合营造中式家居氛围的色彩，典雅、庄严中透出火热的激情。搭配明度同样厚重的褐色系，有一种浑然天成之感。将两种色彩漫延到家居空间中，可以打造出大气、庄严的居室氛围。

C48 M50 Y51 K4　C40 M94 Y91 K31　C31 M42 Y84 K0

C32 M44 Y67 K0　C26 M94 Y89 K25　C0 M0 Y0 K100

C0 M0 Y0 K0　C19 M99 Y96 K48　C30 M51 Y67 K45

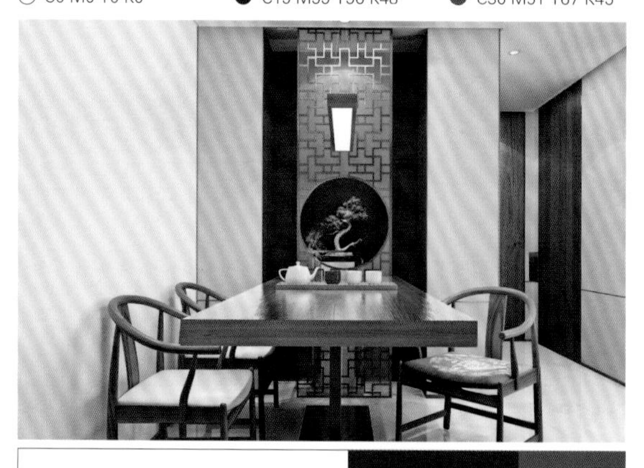

C0 M0 Y0 K0　C43 M92 Y91 K35　C58 M63 Y70 K23

精致稳定

降低了明度的红色同时也降低了躁动感，在家居设计中，用于墙面背景色和主角色均可增加空间的稳定视感。再用褐色系作为协调配色，同类型配色更显和谐。而那看似闲散的金色点缀，却最能体现整体色彩构成的稳定，同时带来一抹精致韵味。

C49 M78 Y74 K27　C44 M49 Y46 K10　C52 M62 Y70 K31

C0 M0 Y0 K0　C31 M83 Y83 K22　C40 M39 Y65 K2

C29 M56 Y56 K32　C25 M42 Y68 K19　C0 M0 Y0 K0

C0 M0 Y0 K0　C44 M82 Y83 K76　C24 M31 Y37 K9

治愈轻柔

带有粉调的红色具备了难以掩盖的温柔气息，无论将其运用在空间的背景色，还是主角色中，均可以散发出柔和的女性味道。与之搭配的褐色系，适合采用同样温和的浅木色，在如此治愈的氛围中，生活也变得轻柔起来。

● C51 M89 Y96 K28　● C25 M36 Y43 K0　● C63 M61 Y53 K5

○ C0 M0 Y0 K0　● C34 M70 Y66 K0　● C33 M43 Y47 K0

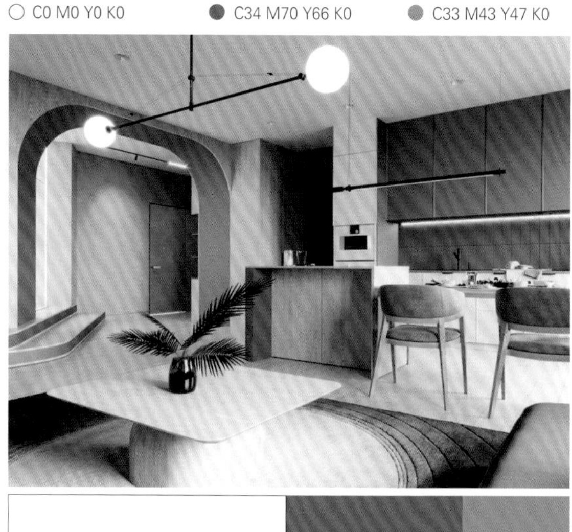

● C31 M65 Y59 K0　● C31 M38 Y43 K0　○ C0 M0 Y0 K0

● C21 M26 Y28 K0　● C42 M88 Y85 K15　○ C0 M0 Y0 K0

明丽浪漫

紫色自带一种深邃的气息，搭配热情的红色系，两者结合为空间增添了明丽的情绪。若采用的纯度较高的紫色和红色相搭配，整体空间更显活力、个性；若采用降低了明度的紫色和红色，空间则散发出浪漫、优雅的气息。

○ C0 M0 Y0 K0
● C74 M92 Y47 K12

● C25 M48 Y2 K0
● C24 M73 Y84 K1

○ C0 M0 Y0 K0
● C55 M99 Y79 K36
● C59 M62 Y37 K3

● C28 M34 Y22 K0
● C62 M59 Y17 K0
● C71 M86 Y63 K37

○ C0 M0 Y0 K0
● C89 M92 Y15 K1
● C6 M91 Y93 K0

复古含蓄

浓色调和暗色调的紫色少了一些浪漫，多了一分复古，演绎深沉，诠释魅力。再利用同类型的红色与之搭配，激发出整体空间的含蓄美感，轻语着不朽的诗意，陪你静静度过漫长岁月。

- C66 M89 Y44 K12
- C0 M0 Y0 K0
- C45 M98 Y68 K20
- C0 M0 Y0 K100

- C38 M32 Y25 K0
- C49 M80 Y40 K0
- C83 M89 Y51 K20
- C19 M96 Y70 K0

- C61 M75 Y42 K1
- C27 M78 Y12 K0
- C49 M55 Y63 K4

- C43 M34 Y41 K0
- C80 M91 Y59 K46
- C49 M99 Y91 K24

C16 M16 Y16 K0
C71 M79 Y51 K13
C43 M86 Y63 K2

C16 M16 Y16 K0
C70 M80 Y65 K36
C36 M46 Y57 K0
C47 M93 Y93 K16

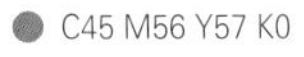

C72 M82 Y72 K49
C57 M91 Y96 K46
C45 M56 Y57 K0

C0 M0 Y0 K0
C67 M85 Y67 K42
C21 M33 Y39 K0
C42 M44 Y43 K0
C53 M35 Y31 K0

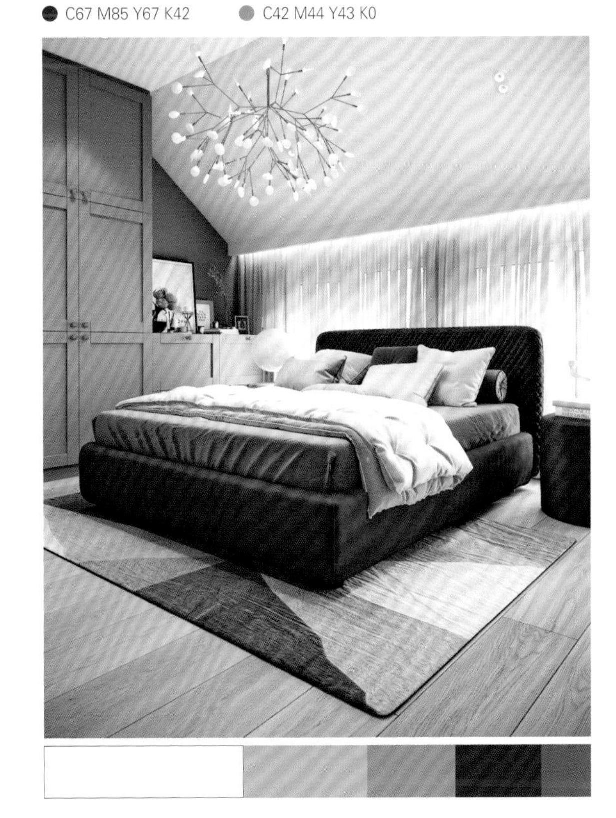

活力愉悦

黄色和橙色都是属于阳光的色彩，两相结合激发出空间的活力、愉悦之感，居住在此的人们心情也会随之变得明亮起来。这两种色彩的出现，让整个空间的温度升高不少，但为了避免形成过于振奋的空间基调，可以用白色来为空间降温。

C0 M75 Y80 K0　C31 M55 Y79 K0　C0 M0 Y0 K0

C15 M80 Y82 K0　C22 M38 Y73 K0　C0 M0 Y0 K0

C17 M79 Y100 K0　C5 M16 Y60 K0　C0 M0 Y0 K0

宁和质朴

带有蜂蜜色泽的黄色与深棕色的搭配，是源自大自然的配色，是土地与落叶的配色。运用到家居空间之中，可以营造出宁和、质朴的氛围；既不会死板没有重点，也不会太过个性，温暖的感觉刚刚好。

C30 M51 Y66 K50　C4 M31 Y89 K4　C0 M0 Y0 K0

C26 M52 Y71 K50　C18 M15 Y76 K0　C17 M22 Y30 K7

C16 M47 Y63 K13　C17 M34 Y93 K12　C31 M25 Y24 K0

C51 M67 Y91 K24　C27 M42 Y82 K0　C0 M0 Y0 K0

复古温暖

添加了一些灰色调和白色调的黄色，既可以给人带来温暖感和安全感，也不会显得过于刺激和突兀；同样具有亲和属性的褐色木质材料与之搭配得十分和谐，整体空间看上去复古又温暖。

○ C0 M0 Y0 K0　● C36 M41 Y92 K0　● C58 M68 Y66 K14

○ C0 M0 Y0 K0　● C40 M61 Y78 K2　● C23 M37 Y93 K0

○ C0 M0 Y0 K0　● C38 M81 Y99 K7　● C23 M27 Y51 K0

○ C0 M0 Y0 K0　● C20 M22 Y20 K0　● C22 M27 Y74 K0

○ C0 M0 Y0 K0　● C49 M60 Y81 K13　● C30 M41 Y80 K2

○ C0 M0 Y0 K0　● C56 M68 Y79 K16　● C0 M0 Y0 K0

○ C0 M0 Y0 K0　● C17 M18 Y50 K0　● C27 M46 Y71 K0

元气明媚

明亮的橙色宣扬着无比饱胀的热情，带有生机的绿色则令这份明媚的情愫得以绽放，又不动声色地平和了空间的浮躁感。这样的配色十分适合打造元气满满的年轻态家居，同时也是儿童房的适宜配色。

○ C0 M0 Y0 K0　● C24 M87 Y100 K0　● C80 M21 Y73 K0

● C38 M18 Y38 K0　● C29 M65 Y100 K0　● C22 M31 Y72 K0

● C42 M27 Y51 K0　● C21 M80 Y100 K0　● C39 M32 Y27 K12

神秘野趣

当带有一丝深意的秋橙色遇上了复古的绿色系，使人仿佛置身于奇妙的秋日森林，充斥着神秘与野趣。可以将加入灰色调和黑色调的绿色作为室内的背景色，再利用层层叠叠的秋橙色进行渲染，为家居带来具有时代特征的田园诗意。

C0 M0 Y0 K0
C76 M27 Y57 K19
C42 M47 Y54 K0
C15 M59 Y83 K9

C52 M30 Y55 K22
C30 M22 Y23 K0
C34 M65 Y66 K0

C61 M30 Y34 K20
C15 M67 Y89 K13
C34 M49 Y59 K0
C14 M19 Y45 K0
C0 M0 Y0 K0

C0 M0 Y0 K0
C31 M12 Y28 K3
C30 M25 Y25 K0
C43 M73 Y98 K5

温暖生机

当秋橙色大面积出现在家居空间中时，温暖与舒适也如期而至。灰绿色的搭配点缀，为空间带来一分生机，温润的色调丝毫不会打破整体空间的柔和气息，反而令人仿佛采撷到秋日里即将逝去的最后一抹绿意，心存感动。

C29 M22 Y28 K0
C76 M55 Y92 K22
C23 M75 Y72 K0

C0 M0 Y0 K0
C30 M59 Y63 K0
C30 M41 Y48 K0
C65 M52 Y73 K6

C0 M0 Y0 K0
C31 M75 Y71 K0
C42 M60 Y73 K2
C92 M72 Y67 K39

C0 M0 Y0 K0
C51 M36 Y46 K0
C38 M66 Y77 K1

明艳温暖

将温暖、明亮的黄色作为背景色渲染到家居墙面中时，仿佛整个空间都被暖阳包围。这时，再使富有生命力的绿色作为空间中的主角色出现，一派南法向日葵田野的风情，就这样在眼前明艳起来。

C3 M29 Y78 K0　C80 M32 Y48 K0　C69 M30 Y90 K0

C12 M36 Y68 K0　C31 M20 Y43 K0　C70 M47 Y82 K5

C22 M40 Y100 K13　C57 M40 Y59 K13　C0 M0 Y0 K0

干净明亮

明亮度较高的黄色和绿色作为家居中的点缀色出现时，虽然应用的面积可能不大，却能轻易渲染出让人眼前一亮的轻松氛围。当然，渲染如此干净、通透的空间环境，少不了白色作为背景色的功劳。

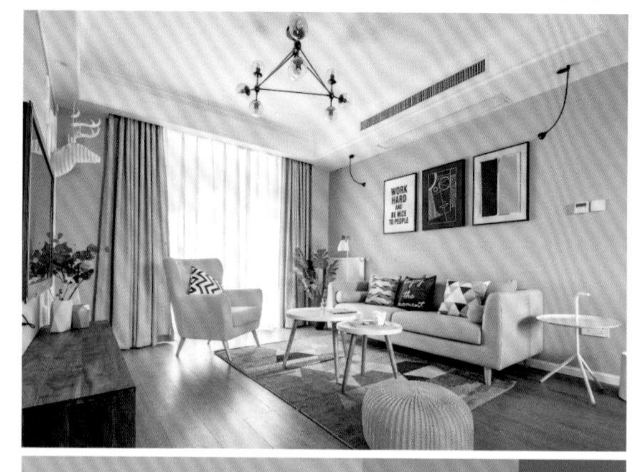

C0 M0 Y0 K0　C22 M38 Y88 K0　C75 M36 Y54 K0

C0 M0 Y0 K0　C12 M18 Y93 K0

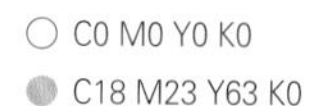

生机童趣

由于黄色和绿色的结合既充满了温暖的感觉，也不乏生命力的跳动。因此，是非常适合儿童房的空间配色。当绿色作为背景色大面积运用时，让人有了可以自由呼吸的空间，再结合热情洋溢的黄色，营造出生机、童趣的空间氛围。

C28 M26 Y22 K0　C62 M50 Y62 K2　C18 M16 Y63 K0

C0 M0 Y0 K0　C62 M40 Y57 K0　C22 M23 Y87 K0

C0 M0 Y0 K0　C59 M34 Y67 K0　C11 M24 Y91 K0　C55 M60 Y72 K8

复古理性

当墨绿色成为家居中的背景色和主角色时，复古气息就这样不动声色地传递出来。这时无论用纯度较高的亮黄色做点缀，还是用浊色调的黄色做搭配，都能够渲染出整个空间沉稳、理性的特质。

C33 M18 Y31 K0　C42 M49 Y78 K0　C46 M30 Y27 K0

C77 M59 Y71 K21　C24 M26 Y59 K0　C52 M42 Y40 K0

C32 M24 Y27 K7　C77 M59 Y74 K22　C28 M23 Y93 K16

C44 M45 Y52 K42　C65 M42 Y54 K46　C10 M26 Y83 K2

清爽自然

若采用同类色中的蓝色和绿色，并提高这两种色彩的明度，可以塑造出清爽中不乏自然感的居室。这两种色彩可以大面积出现在空间中，不但不会显得压抑，反而能够加强空间的清新、怡人的特质。

C27 M16 Y34 K0　C53 M40 Y48 K0　C30 M59 Y62 K0

C13 M15 Y18 K0　C46 M10 Y13 K0　C65 M53 Y94 K15

C0 M0 Y0 K0　C37 M16 Y17 K0　C87 M51 Y80 K25　C76 M56 Y98 K24

C0 M0 Y0 K0　C36 M8 Y58 K0　C71 M22 Y34 K0

冷静理性

当把蓝色和绿色的明度降低时，带有一些暗调的色彩少了几分清爽，多了些冷静、理性的视感。若大面积运用两种色彩来作为空间配色，则能使空间的稳定性更强，适合打造男性居住的空间。

C0 M0 Y0 K0　C42 M45 Y75 K0　C76 M19 Y63 K9
C77 M58 Y32 K29　C51 M23 Y19 K5

C0 M0 Y0 K0　C66 M62 Y60 K11
C93 M72 Y21 K13　C85 M62 Y73 K29

C25 M18 Y20 K0　C58 M38 Y53 K0
C43 M20 Y11 K0

C13 M9 Y10 K0　C67 M29 Y33 K10
C57 M20 Y46 K5　C17 M11 Y50 K0

C39 M27 Y18 K3
C99 M79 Y43 K7
C78 M36 Y69 K37
C12 M20 Y36 K0

C22 M18 Y21 K0
C76 M64 Y32 K5
C79 M56 Y82 K22

C76 M47 Y42 K0
C68 M40 Y64 K0
C23 M27 Y42 K0

C83 M76 Y67 K43
C64 M31 Y63 K33
C0 M0 Y0 K100

含蓄雅致

蓝绿色既保留了蓝色的清爽感，又蕴含着绿色特有的生机。将这种色彩运用在家居配色之中，不论是搭配蓝色系，还是绿色系，均十分和谐，可以使空间散发出含蓄、雅致的吸引力。

C0 M0 Y0 K0　C18 M13 Y12 K0
C77 M59 Y50 K14　C95 M85 Y22 K7

C84 M69 Y46 K6　C74 M50 Y56 K2　C0 M0 Y0 K100

C0 M0 Y0 K0　C95 M77 Y64 K37
C42 M58 Y72 K7　C87 M49 Y70 K9

紫色和绿色皆属于中性色，搭配起来既和谐，又不乏色彩对比带来的层次变化。绿色系的使用可以为空间增添生机盎然的气息，而神秘的紫色系则能够使空间充满个性魅力。

生机个性

C47 M69 Y21 K0
C48 M74 Y91 K14
C74 M58 Y100 K27
C0 M0 Y0 K0

C0 M0 Y0 K0
C90 M70 Y84 K55
C43 M35 Y37 K0
C59 M68 Y52 K13
C16 M25 Y29 K0

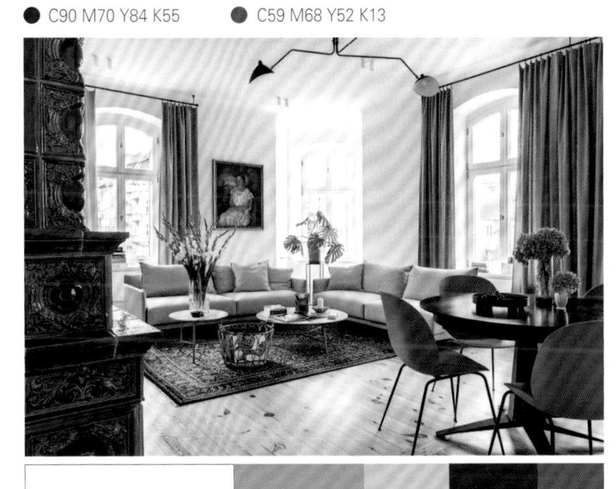

C0 M0 Y0 K0
C80 M51 Y62 K5
C39 M62 Y29 K12
C45 M49 Y87 K1

C0 M0 Y0 K0
C77 M66 Y81 K41
C87 M81 Y69 K50
C78 M89 Y56 K27

清爽理性

蓝色和紫色的搭配，清爽中透露出理性。若蓝色的使用面积较大，空间的清爽、通透感更加强烈；若紫色作为背景色，则能增强空间的稳定性，并且容易产生带有艺术感的居室氛围。

C0 M0 Y0 K0
C87 M28 Y9 K0
C53 M71 Y44 K17
C99 M96 Y43 K5

C0 M0 Y0 K0
C61 M85 Y60 K21
C99 M82 Y57 K27

C63 M97 Y72 K46
C45 M33 Y26 K0
C0 M0 Y0 K0

C0 M0 Y0 K0
C84 M46 Y30 K0
C73 M65 Y43 K5
C24 M20 Y26 K0

C0 M0 Y0 K0
C74 M84 Y9 K0
C88 M69 Y36 K1

C62 M92 Y35 K54
C43 M47 Y62 K2
C0 M0 Y0 K0
C0 M0 Y0 K100
C98 M81 Y20 K20

C0 M0 Y0 K0
C88 M60 Y0 K0
C91 M100 Y46 K15

冷艳奇幻

当神秘的极光紫遇上冷静的灰蓝色，营造出冷艳的室内氛围，这样的冷静感并不使人疏远，反而带着一丝奇幻，愈加令人想要一探究竟。这样的配色适合喜欢营造艺术化家居氛围的居住者。

C67 M39 Y40 K22
C67 M80 Y42 K3
C92 M81 Y38 K36
C75 M11 Y52 K0

C65 M49 Y25 K8
C81 M84 Y6 K4
C27 M17 Y11 K0

C80 M79 Y18 K0
C58 M71 Y75 K24
C76 M57 Y9 K0

C81 M56 Y28 K15
C77 M60 Y80 K18
C74 M78 Y7 K0
C46 M91 Y15 K0

优雅清爽

加入了灰色调的蓝色和紫色，显得平易近人了许多，更容易被大多数居住者接受。如若将这两种色彩运用到软装布艺之中，经过布艺材质的过滤，令这两种原本有些冰冷的色彩，变得柔和起来，也能够使空间呈现出优雅、清爽的视感。

○ C0 M0 Y0 K0
● C56 M58 Y36 K1
● C64 M70 Y66 K21
● C47 M23 Y25 K0

○ C0 M0 Y0 K0
● C72 M61 Y20 K11
● C83 M63 Y33 K29
● C72 M62 Y100 K34

○ C0 M0 Y0 K0
● C60 M40 Y27 K0
● C71 M77 Y51 K19
● C82 M79 Y73 K54

● C54 M47 Y18 K5
○ C0 M0 Y0 K0
● C55 M35 Y37 K0
● C61 M69 Y78 K23

沉静理性

黑色是一种可以呈现出成熟与魅惑的色泽，沉积着时间的底蕴。若搭配深深浅浅的灰色，既能加强空间的层次感，也不会破坏黑色塑造出的沉静、理性的空间调性。但由于此种配色过于冷硬，比较适合运用在具有一定阅历的中年男性所居住的空间。

C45 M38 Y39 K0　C0 M0 Y0 K100　C0 M0 Y0 K0

C0 M0 Y0 K100　C56 M47 Y44 K0　C61 M68 Y83 K26

C57 M48 Y49 K0　C0 M0 Y0 K100　C0 M0 Y0 K0

C57 M51 Y49 K45　C20 M13 Y14 K0　C0 M0 Y0 K0

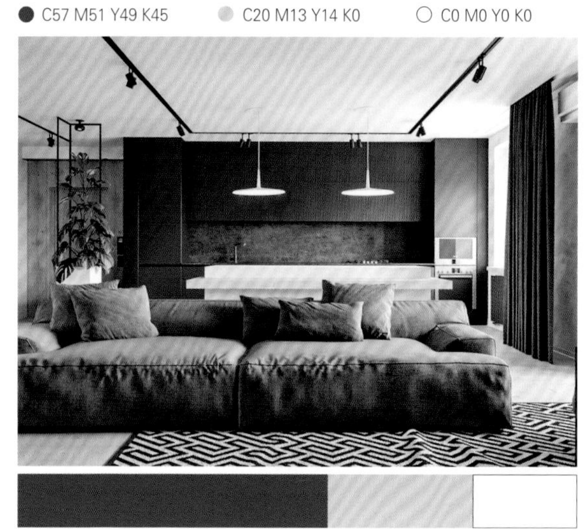

C75 M70 Y76 K42　C51 M43 Y44 K0　C0 M0 Y0 K0

C0 M0 Y0 K100　C46 M40 Y43 K38　C0 M0 Y0 K0

C53 M45 Y50 K46　C41 M32 Y33 K0　C36 M38 Y87 K0

C29 M22 Y22 K0　C77 M71 Y68 K36　C0 M0 Y0 K0

现代简约

明度较高的灰色作为背景色，可以降低空间温度，充分演绎出简洁、利落的都市气息。适量白色的加入，提亮整个空间，整体居室的氛围显得更加整洁、明亮。少量木色的点缀，则带来了一丝生活气息，更适合居住。

C0 M0 Y0 K0　　C29 M23 Y18 K0　　C54 M69 Y81 K16

C0 M0 Y0 K0　　C28 M22 Y18 K0　　C0 M0 Y0 K100

品质格调

明度较低的灰色相对于黑色来说，产生的视觉压力弱化了许多，令空间沉稳的同时，也不至于过分沉闷。加入的金色材质，提升了空间质感，营造出一种高品位的环境氛围。

C31 M23 Y26 K0　C33 M38 Y60 K0　C72 M63 Y65 K5

C46 M35 Y40 K21　C65 M66 Y78 K25　C0 M0 Y0 K100

C78 M69 Y70 K40　C0 M0 Y0 K0　C31 M38 Y58 K0

净白精致

塑造明亮、通透的空间环境，最适合采用大面积的白色。若在净白的空间中，加入金色的墙面装饰线来调剂，或者选用带有金色材质的家具或灯具装点空间，则能够使空间的品质感大幅提升。

○ C0 M0 Y0 K0　● C26 M16 Y18 K0　● C27 M36 Y52 K0

○ C0 M0 Y0 K0　● C44 M34 Y34 K0　● C60 M66 Y78 K0

○ C0 M0 Y0 K0　● C27 M19 Y18 K0　● C43 M42 Y51 K0

○ C0 M0 Y0 K0　● C67 M58 Y57 K9　● C31 M29 Y41 K0

○ C0 M0 Y0 K0　● C35 M40 Y71 K6

○ C0 M0 Y0 K0　● C62 M60 Y74 K13　● C0 M0 Y0 K100

○ C0 M0 Y0 K0　● C34 M31 Y39 K0　● C0 M0 Y0 K100

○ C0 M0 Y0 K0　● C15 M13 Y16 K0　● C44 M45 Y62 K2

质朴沉稳

白色与褐色的搭配，是经久不衰的温暖配色。若将白色大面积运用在空间的顶面和墙面中，褐色体现在地面和家具上，整体空间配色的稳定感更强。这样的家居配色，适用性较高，可以被大多数居住者接受。

○ C0 M0 Y0 K0　● C15 M48 Y59 K5　● C0 M0 Y0 K100

○ C0 M0 Y0 K0　● C27 M36 Y52 K0　● C0 M0 Y0 K100

○ C0 M0 Y0 K0　● C24 M38 Y45 K0　● C0 M0 Y0 K100

○ C0 M0 Y0 K0　● C51 M54 Y63 K2　● C0 M0 Y0 K100

明丽浪漫

当具有幻想韵味的紫色与干净的白色相搭配，将浪漫与纯真糅合，既有成熟的情志，又不乏少女的纯洁。如若将紫色运用到软装布艺之中，来装点白色空间，则增添了明丽、浪漫的情绪，整个空间都变得更加女性化起来。

C0 M0 Y0 K0　C20 M31 Y40 K12

C57 M68 Y42 K0　C65 M54 Y38 K0

C0 M0 Y0 K0　C59 M49 Y36 K1

C80 M90 Y58 K37

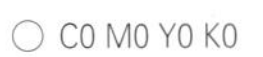

C0 M0 Y0 K0　C41 M38 Y49 K0　C0 M0 Y0 K0

C0 M0 Y0 K0　C90 M100 Y60 K29　C69 M72 Y63 K28

自然舒适

白色作为大面积背景色，让纯净、淡雅的氛围溢满空间，再加入带有生机感的绿色，一切都显得那么和谐、自然。如此充满着清新气息的色彩搭配，使空间变得自然、纯真，清凉且舒适。

C0 M0 Y0 K0　C73 M43 Y64 K2　C80 M74 Y81 K58

C0 M0 Y0 K0　C85 M59 Y80 K28　C32 M29 Y45 K0

C0 M0 Y0 K0　C81 M44 Y72 K4　C58 M42 Y42 K0

C0 M0 Y0 K0　C83 M52 Y63 K0　C34 M34 Y36 K0

深邃理性

深色调的绿色少了清爽的感觉，多了几分深邃的气质。这样的绿色无论出现在墙面，还是软装之中，都能将空间的复古韵味激发出来。与白色搭配，依然可以衬托出空间的通透感，但理性气息更加浓郁。

○ C0 M0 Y0 K0　● C28 M22 Y21 K0　● C71 M50 Y58 K46

○ C0 M0 Y0 K0　● C69 M40 Y84 K45　● C56 M47 Y42 K7

○ C0 M0 Y0 K0　● C0 M0 Y0 K100　● C82 M23 Y60 K6

○ C0 M0 Y0 K0　● C76 M67 Y88 K43　● C15 M22 Y44 K2

舒适温暖

柔和的灰色运用到空间中能够强化时尚感，也能增添层次。尤其当灰色的明度变高，成为蒸汽灰时，这时则带有了一点儿暖色特征，若再搭配明度同样温和的木色，整个空间被塑造得舒适又温暖。

C12 M10 Y11 K0　C42 M48 Y65 K0　C76 M54 Y98 K24

C0 M0 Y0 K0　C34 M26 Y25 K0　C17 M31 Y41 K0

C21 M17 Y13 K0　C33 M46 Y57 K0　C0 M0 Y0 K100

C38 M28 Y25 K0　C35 M54 Y67 K9　C0 M0 Y0 K0

理性硬朗

当灰色的明度变低，温和度下降，力量感增加。若将其大面积表现在墙面上时，整体空间的理性、硬朗气质被激发出来。与之搭配的褐色系，也更加适合偏厚重的深褐色，两色搭配，凸显男性气质。

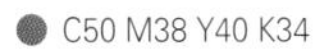
C50 M38 Y40 K34
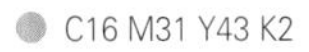
C16 M31 Y43 K2

C0 M0 Y0 K100

C42 M33 Y30 K18　C27 M66 Y85 K48　C31 M35 Y41 K0

C33 M51 Y63 K39　C58 M50 Y52 K53　C0 M0 Y0 K100

C37 M31 Y30 K0　C54 M61 Y75 K11　C0 M0 Y0 K100

文艺生机

浅淡的灰色雅致中略带一丝文艺感，在空间中大范围应用，可以为空间带来舒适与温暖的感觉，也可以更好地衬托其他色彩。比如绿色系的出现，不但颇有趣味，也为空间多注入了一线生机与活力。

C0 M0 Y0 K0

C0 M0 Y0 K0　C28 M23 Y32 K0　C81 M52 Y73 K19

轻盈的浅灰色带来如梦般的视觉效果，有一种令人着迷的魔力。当这种柔和的色彩与色调与同样舒缓的灰绿色搭配时，能够为空间勾勒出细腻、高级的感觉，安逸、优雅的美感直击内心。

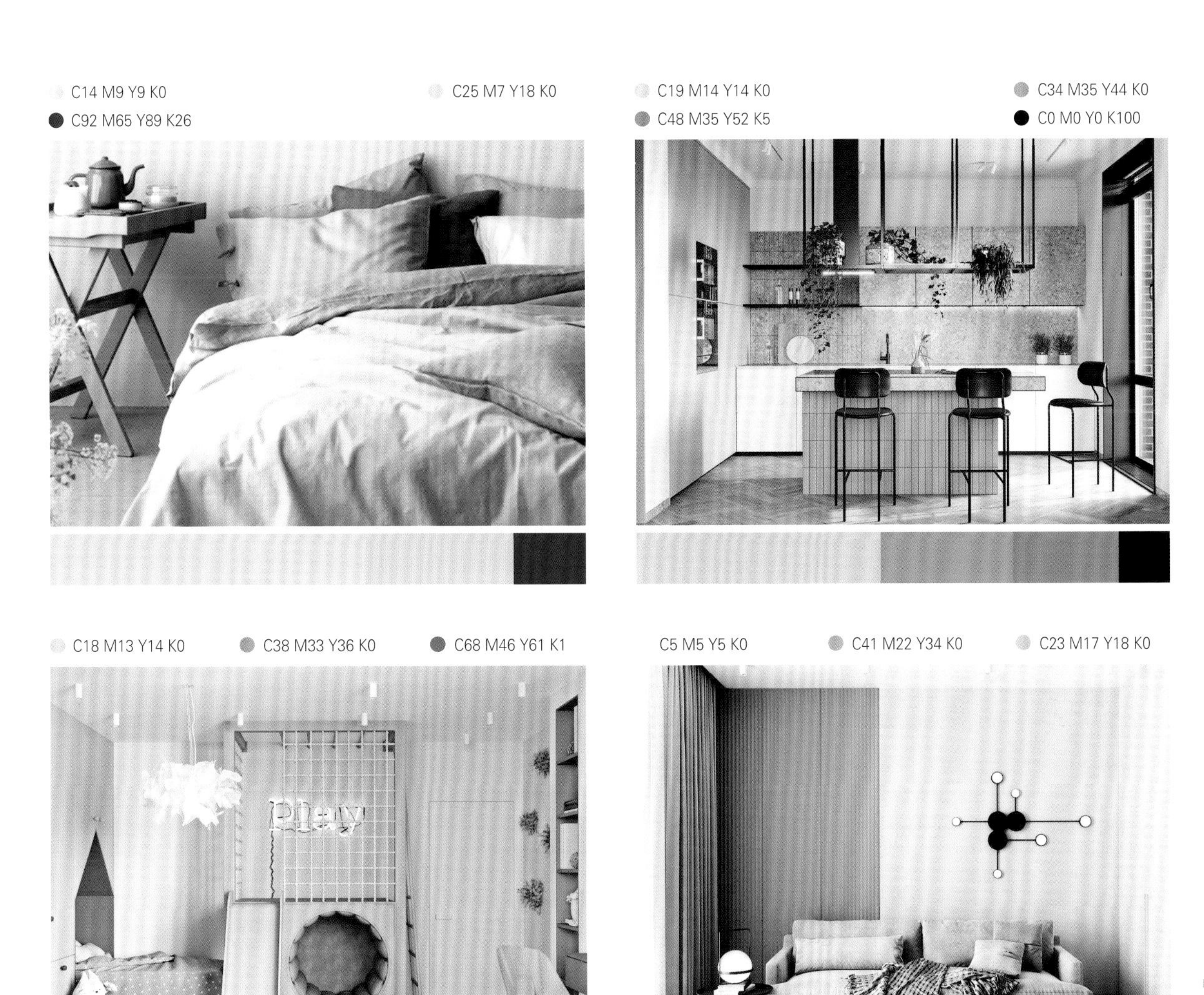

自然复古

浓郁又不失生机的深绿色系，仿佛是郁郁葱葱的森林色彩，把生机暗藏于内，不动声色之中尽显高贵与大方。这种降低了饱和度的色彩，与包容度较高的灰色系进行搭配时，既可以展现自然独立的气质，也能够表达时髦、复古的经典之美。

C11 M7 Y7 K0　C65 M58 Y55 K4　C79 M45 Y57 K55

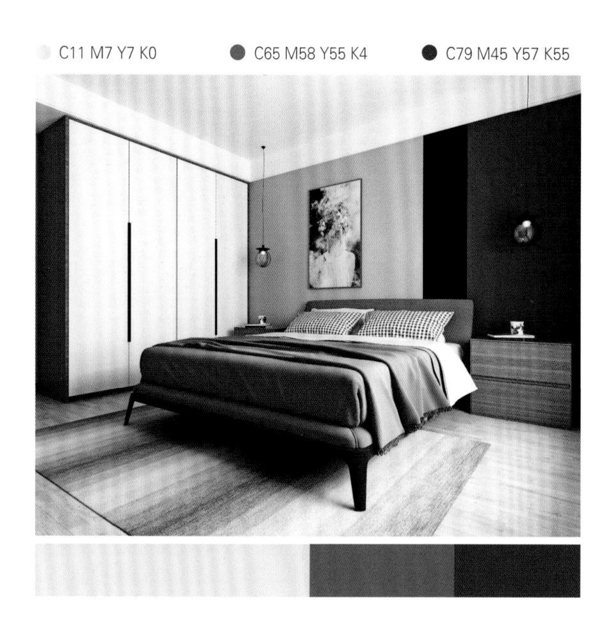

C0 M0 Y0 K0　C47 M38 Y33 K0　C55 M21 Y42 K14

C30 M29 Y31 K0　C50 M63 Y81 K7　C82 M64 Y74 K47

C23 M21 Y23 K0　C83 M60 Y89 K33

C61 M51 Y52 K0　C80 M56 Y79 K19　C22 M23 Y28 K0

C19 M15 Y14 K0　C76 M56 Y59 K8　C0 M0 Y0 K0

C22 M13 Y16 K0　C72 M45 Y67 K44　C0 M0 Y0 K100

C19 M18 Y22 K0　C60 M33 Y41 K30　C27 M39 Y46 K0

优雅品质

灰色系的优雅与生俱来，同时又充满了穿透力。这种色彩可以兼容任何配色，即便是神秘又疏离的紫色，在灰色的空间中也丝毫没有违和之感，反而彰显出一种不同凡响的品质感。

C34 M27 Y31 K12

C59 M80 Y38 K0

C62 M94 Y51 K10

C13 M9 Y10 K0

内敛平稳

品质感的塑造离不开灰调色彩。不妨将带有灰调的黑色作为空间主色，营造出绅士、内敛的氛围。而地面色彩最适合运用暖褐色，可以塑造出平稳、温和的空间氛围，也能够加强空间的稳定感。

● C78 M72 Y70 K42

● C21 M23 Y38 K0

● C39 M31 Y30 K0

● C52 M40 Y38 K34

● C35 M46 Y52 K0

○ C0 M0 Y0 K0

● C43 M34 Y32 K17

● C53 M56 Y60 K2

○ C0 M0 Y0 K0

● C21 M32 Y40 K0

● C46 M33 Y36 K35

○ C0 M0 Y0 K0

厚重沉静

黑色系的浓重感较强，仿若连接着黑夜，自带厚重的力量感，往往会令家居空间显得过于严肃。不妨利用饱和度较低的绿色系进行搭配，可以掀起一股沉静而淡然的风潮。同时，带有黑调的绿色显得更加稳重，不会破坏空间原本呈现出的氛围基调。

● C81 M80 Y84 K67　● C80 M12 Y76 K10　○ C0 M0 Y0 K0

● C58 M37 Y60 K0　● C67 M61 Y57 K12　● C32 M36 Y40 K0

● C78 M72 Y69 K38　● C68 M50 Y83 K69　● C32 M24 Y25 K0

● C79 M67 Y71 K22　● C82 M54 Y68 K8　● C22 M29 Y44 K0

C0 M0 Y0 K100　C28 M22 Y14 K0　C76 M25 Y88 K11

C60 M53 Y71 K76　C48 M26 Y76 K18　C32 M52 Y66 K0

C71 M66 Y71 K27　C83 M70 Y87 K56　C0 M0 Y0 K0

C0 M0 Y0 K100　C61 M28 Y54 K17　C34 M23 Y27 K0

平和淡雅

浅淡的绿色可以营造出平和、淡雅的视觉感。若利用带有暖度的褐色与之搭配，一切都显得那么和谐、自然，将人拉进干净、素雅的世界之中。如同风吹柳林的悸动，带你梦游自然山水间。

C0 M0 Y0 K0
C38 M56 Y64 K0
C38 M20 Y31 K0
C44 M36 Y27 K0

C0 M0 Y0 K0
C16 M34 Y32 K0
C22 M8 Y22 K0
C64 M58 Y40 K1

C34 M23 Y42 K0
C0 M0 Y0 K0
C36 M45 Y58 K0

C0 M0 Y0 K0
C47 M30 Y52 K0
C35 M27 Y24 K0
C21 M32 Y43 K0

C54 M18 Y38 K0　C25 M32 Y52 K0　C0 M0 Y0 K0

C0 M0 Y0 K0　C29 M33 Y42 K0　C27 M9 Y14 K0

C64 M40 Y55 K0　C22 M23 Y28 K0　C0 M0 Y0 K0

C33 M20 Y34 K6　C16 M44 Y52 K9　C13 M9 Y12 K0

生机自然

纯度较高的草木绿具有可以振奋人心的力量，将其运用在家居的墙面之中，会轻易烘托出一个生机盎然的、可以自由呼吸的空间。若再使用更加沉稳的褐色系与之呼应，则既显得雅致，又可以增添空间的柔和气质。

C74 M39 Y99 K3
C10 M10 Y11 K0
C19 M47 Y57 K0

C0 M0 Y0 K0
C39 M13 Y38 K0
C47 M40 Y33 K0
C52 M57 Y77 K6

C0 M0 Y0 K0
C61 M33 Y91 K2
C56 M77 Y85 K31

沉稳柔和

灰绿色是一种能够把户外引入室内的色调，同时又是具有极大发挥空间的中性色调，比起清浅的淡绿色更加沉稳，而相较浓郁的深绿色又显得柔和。这种色调适合作为空间中的背景色，与同类色中的褐色搭配，相得益彰。

C61 M50 Y73 K4　C19 M21 Y24 K0　C15 M11 Y11 K0

C53 M20 Y33 K0　C29 M37 Y46 K0　C18 M15 Y17 K0

C52 M37 Y52 K0　C24 M29 Y41 K0　C52 M98 Y98 K45

C40 M22 Y35 K9　C22 M34 Y40 K0　C66 M56 Y53 K3

自然浓郁

当把大面积的深绿色系运用在空间的墙面上时，会带来一种浓郁又不乏生机的空间氛围。再结合褐色系，两种色彩与生俱来的自然、温馨属性，非常适宜打造田园感觉的家居。

C93 M50 Y74 K11

C23 M10 Y24 K0

C42 M67 Y84 K3

C76 M50 Y55 K2

C16 M28 Y48 K0

C0 M0 Y0 K0

C48 M43 Y40 K0

C61 M34 Y40 K22

C18 M27 Y30 K0

C0 M0 Y0 K0

C60 M38 Y40 K27

C31 M39 Y60 K2

C58 M50 Y49 K6

C83 M43 Y61 K0
C22 M16 Y15 K0
C11 M19 Y20 K0
C0 M0 Y0 K0

C83 M25 Y63 K15
C14 M10 Y12 K0
C26 M63 Y83 K27

C76 M42 Y67 K44
C77 M73 Y73 K47
C0 M0 Y0 K0
C28 M33 Y40 K0

C61 M22 Y37 K15
C53 M54 Y57 K2
C28 M44 Y65 K0

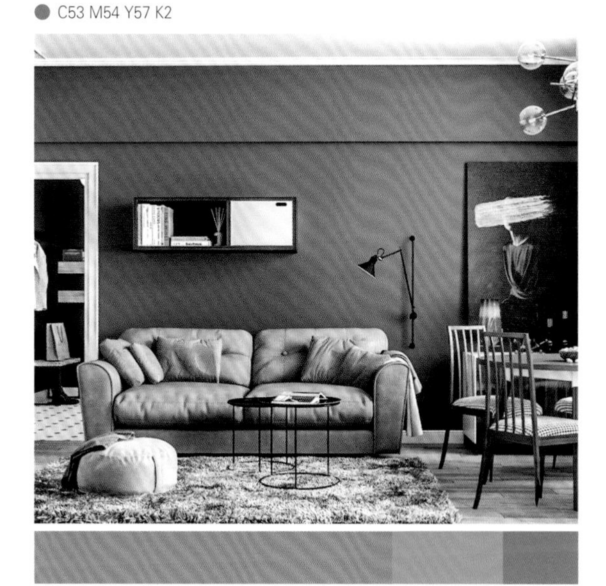

质朴自然

在以灰白色调为主色空间中，一抹浓郁的深绿色往往能令人心旷神怡，遐思无限。若在地面或是家具中运用浅木色调，则可以让空间最大限度地回归质朴的自然，装扮出一个小型的室内“桃源”。

C0 M0 Y0 K0　C83 M60 Y80 K30　C20 M21 Y28 K0

C26 M25 Y32 K0　C83 M25 Y47 K19　C23 M33 Y62 K0

C0 M0 Y0 K0　C74 M47 Y51 K47　C17 M33 Y39 K0

C0 M0 Y0 K0　C31 M40 Y68 K0　C87 M66 Y90 K51

天然乡村

熟褐色与绿色的搭配，就像是长于土地中的树木，色调衔接过渡得十分自然，为整个居室注入了浓郁的生机与自然的鲜活感。将这种自然的配色组合带入到室内空间之中，使整个空间散发着自然的气息，打造出舒适天然的乡村风情。

● C49 M85 Y93 K20　● C27 M17 Y34 K0　● C75 M58 Y89 K25

● C3 M10 Y33 K0　● C41 M57 Y62 K4　● C74 M52 Y96 K23

○ C0 M0 Y0 K0　● C22 M78 Y95 K29　● C33 M13 Y63 K4

○ C0 M0 Y0 K0　● C51 M44 Y84 K6　● C43 M85 Y100 K17

质朴舒适

褐色在空间中大面积运用时，可以令整个空间的质朴感大大提升，若结合饰面板和木材来表现，则质朴感更强。同时将浓色调或暗色调的绿色与之搭配，便形成了舒适、质朴的空间氛围。

C22 M50 Y65 K35　C84 M80 Y82 K65　C74 M64 Y78 K33

C0 M0 Y0 K0　C62 M70 Y81 K28　C72 M49 Y83 K21

C0 M0 Y0 K0　C57 M65 Y65 K10　C93 M75 Y86 K65

C23 M21 Y23 K0　C77 M42 Y85 K69　C34 M58 Y85 K49

含蓄质朴

空间中的褐色系可以散发出自然、质朴的味道。但当紫色系加入之际，一切都变得与众不同。紫色系用它那动人心弦的美，演绎深沉，诠释魅力，激发出褐色的含蓄美感，轻语空间不朽的诗章。

○ C0 M0 Y0 K0　● C56 M62 Y67 K7

● C54 M84 Y35 K42

○ C0 M0 Y0 K0　● C66 M90 Y64 K36　● C44 M53 Y63 K0

● C24 M18 Y15 K0　● C40 M52 Y29 K17

● C29 M46 Y52 K0　● C56 M22 Y94 K14

三、冲突色搭配

成熟浓郁

暗色调和浓色调的红色墙面，具有丰富、浓郁的质感，用其做配色中心，表现出兼具成熟和华丽的氛围。再选用与主色成冲突型的灰蓝色或宝蓝色作为搭配用色，使空间有了微弱的开放感，避免了暖色为主的沉闷。

● C63 M86 Y79 K50
● C44 M36 Y32 K0
● C96 M79 Y56 K26
● C20 M22 Y28 K0

● C32 M88 Y67 K47
● C55 M40 Y35 K0
● C78 M54 Y38 K0
● C87 M76 Y66 K42

● C23 M91 Y89 K31
● C45 M57 Y82 K2
● C89 M70 Y56 K20

● C20 M42 Y37 K0
● C76 M67 Y36 K16
● C28 M90 Y67 K0
● C0 M0 Y0 K100

温柔沉静

想要摆脱粉色过于稚嫩的印象，只想保留住温柔的感觉，可以尝试与灰蓝色搭配。原本清爽的蓝色调入灰色系，减弱了硬朗的感觉，与同样带有一点灰调的淡山茱萸粉组合，营造出可以安然入梦的空间氛围。

C58 M57 Y56 K2
C26 M42 Y36 K2
C0 M0 Y0 K0
C47 M37 Y31 K0

C18 M34 Y22 K0
C47 M36 Y37 K0
C68 M55 Y49 K2

C0 M0 Y0 K0
C24 M37 Y31 K0
C63 M45 Y40 K0

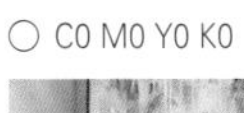

C19 M34 Y17 K0
C32 M19 Y16 K0
C32 M40 Y47 K0

柔媚艺术

当粉色的饱和度加强时，女性的柔媚感大大提升。将其表现在墙面上，色彩的面积优势使整个空间笼罩在一种娇柔的基调之中，这时利用与之呈冲突配色的蓝色系进行搭配，视觉冲击更加强烈，空间的艺术化特性也会提升。

C14 M54 Y42 K8　C92 M64 Y25 K54　C29 M49 Y92 K36

C20 M47 Y43 K0　C83 M41 Y22 K6　C52 M29 Y28 K0

C8 M21 Y12 K0　C21 M41 Y62 K11　C97 M66 Y18 K7　C44 M58 Y64 K65

C8 M32 Y14 K0　C90 M72 Y36 K0　C51 M27 Y13 K0

C28 M53 Y43 K0　C96 M78 Y7 K0　C72 M71 Y75 K41

C28 M82 Y72 K0　C96 M82 Y43 K7　C0 M0 Y0 K0

C9 M47 Y29 K0　C32 M42 Y51 K0　C25 M2 Y11 K0　C0 M0 Y0 K0

C16 M51 Y38 K13　C71 M42 Y39 K28　C12 M22 Y29 K2　C100 M87 Y25 K19

清爽甜美

淡雅的婴儿蓝做墙面背景色，可以渲染出清爽的基调，再利用不同纯度的蓝色进行搭配，更显清爽感。而那一抹甜美、梦幻的樱花粉，强势激发出婴儿蓝所具有的文艺又浪漫的因子，将空间打造成一个充满治愈力量的少女梦境。

C36 M12 Y18 K0　C27 M35 Y20 K0　C43 M51 Y63 K0

C14 M5 Y7 K0　C52 M30 Y21 K0　C53 M94 Y41 K3

C0 M0 Y0 K0　C31 M14 Y17 K0

C31 M47 Y34 K0

C34 M19 Y26 K0　C39 M51 Y44 K0

C24 M23 Y28 K0　C67 M18 Y16 K0

C26 M16 Y11 K0　C45 M32 Y29 K0　C9 M35 Y16 K0

C26 M15 Y14 K0　C56 M38 Y41 K0　C15 M24 Y14 K0

C12 M11 Y10 K0　C42 M30 Y31 K2　C33 M15 Y9 K0　C15 M21 Y13 K0

C12 M8 Y14 K0　C19 M23 Y15 K0　C33 M15 Y11 K0

生动深远

将暗色调和浓色调的蓝色作为墙面的背景色时，奠定出深邃又沉静的空间基调。若与红粉色系进行搭配，空间中的活力被激发出来，令原本有些冷硬的空间意境变得生动起来。

C78 M61 Y18 K7
C30 M29 Y42 K0
C22 M100 Y78 K48
C0 M0 Y0 K0

C75 M59 Y40 K0
C16 M21 Y29 K0
C25 M20 Y16 K0
C15 M25 Y12 K0

C94 M65 Y22 K7
C23 M99 Y99 K40
C20 M12 Y13 K0

C13 M9 Y13 K0
C86 M67 Y34 K4
C31 M23 Y18 K0
C23 M27 Y18 K0

C80 M65 Y34 K27
C0 M0 Y0 K0
C43 M71 Y66 K3
C0 M0 Y0 K100

C86 M70 Y32 K1
C43 M100 Y91 K28
C32 M33 Y31 K0

C76 M66 Y41 K36
C17 M17 Y21 K0
C6 M61 Y23 K0
C32 M58 Y63 K0

C88 M59 Y22 K5
C0 M0 Y0 K0

C17 M56 Y35 K3

活跃灵动

红蓝两色作为冲突型配色，可以塑造出具有视觉冲击力的空间层次。这样的配色特征与儿童房追求活跃、灵动的色彩属性有着异曲同工之处。不妨用蓝色系作为墙面背景色，红色系作为软装配色，共同打造出一个活力四射的儿童房。

C67 M56 Y27 K0
C20 M24 Y48 K0
C6 M92 Y82 K0
C42 M43 Y43 K0

C61 M26 Y23 K0
C0 M0 Y0 K0
C53 M100 Y98 K41

C55 M19 Y13 K0
C19 M85 Y11 K0
C18 M19 Y21 K0

C85 M41 Y9 K0
C14 M11 Y12 K0
C2 M95 Y69 K0

精致艺术

如果将蓝色系与红粉色系同时运用到墙面配色中，整体空间的艺术化氛围更加浓郁，同时具备了带有精致感的女性气质。需要注意的是，由于对比色系的大面积使用，顶面、地面以及软装的配色均不宜过于艳丽，否则会造成视觉污染。

C22 M40 Y29 K0
C23 M21 Y17 K0
C85 M70 Y48 K8

C7 M3 Y2 K0
C18 M29 Y27 K0
C82 M71 Y56 K19
C52 M55 Y63 K2

C36 M84 Y52 K0
C48 M50 Y50 K23
C22 M17 Y14 K0
C0 M0 Y0 K100

C47 M32 Y22 K0
C31 M78 Y48 K0
C11 M7 Y11 K0
C0 M0 Y0 K100

清爽活力

清透、柔和的蓝色，让人感到轻松与舒心，适宜打造平和宁静、纯净治愈的生活空间。将其运用在部分墙面或空间的主角色之中，结合白色的搭配使用，使整个空间充满优雅、恬静之感。再利用鲜艳的红色进行色彩调剂，空间则在清爽之中透出活力。

C0 M0 Y0 K0　C80 M34 Y27 K0
C3 M89 Y76 K0　C51 M62 Y66 K4

C0 M0 Y0 K0　C61 M41 Y25 K0　C36 M92 Y95 K2
C51 M62 Y66 K4　C0 M0 Y0 K100

C0 M0 Y0 K0　C65 M31 Y6 K0
C21 M85 Y72 K0　C98 M94 Y64 K52

C0 M0 Y0 K0　
C64 M23 Y14 K1
C40 M78 Y71 K7

安谧鲜活

深暗色调的蓝色，稳定性更高，更加适合运用在空间的主角色之中，形成的视觉中心给人一种安全感。红色系的加入，仿若深海中出现的红色珊瑚，令目之所及多出一分惊喜。

○ C0 M0 Y0 K0
● C41 M34 Y31 K0
● C79 M69 Y51 K13
● C54 M100 Y100 K41

○ C0 M0 Y0 K0
● C46 M89 Y65 K8

● C88 M57 Y14 K0

○ C0 M0 Y0 K0
● C81 M64 Y43 K3
● C54 M59 Y65 K5
● C54 M100 Y100 K41

○ C0 M0 Y0 K0
● C95 M84 Y45 K9
● C13 M34 Y45 K0
● C2 M93 Y75 K0

深醇意蕴

带有一丝黑调的红色和蓝色，仿若褪去了年少的激情，变得成熟而富有韵味。无论将这两种色彩中的任何一种作为空间中较大面积的配色，均可以表达富有深醇韵致的情调。

C90 M89 Y58 K36　C42 M100 Y98 K9

C71 M71 Y71 K32

C15 M11 Y10 K0　C38 M30 Y24 K0

C41 M78 Y66 K8　C63 M36 Y30 K0

C76 M60 Y52 K7　C39 M97 Y98 K4　C11 M31 Y19 K0

含蓄深韵

带有灰调的沙漠红，含蓄的色彩蕴藏着别样风情；与同样降低了明度和纯度的灰蓝色相搭配，为空间增添了更多的联想与趣味。两种色彩进行搭配，混搭出一番别具风情的空间味道。

● C36 M72 Y65 K59　● C63 M44 Y45 K0　● C42 M53 Y63 K2

● C52 M51 Y55 K56　● C32 M60 Y46 K38　● C38 M23 Y27 K0

○ C0 M0 Y0 K0　● C29 M53 Y38 K32　● C42 M25 Y31 K0

● C42 M31 Y26 K14　● C62 M82 Y69 K32　● C74 M54 Y35 K42

温柔清雅

提亮了明度的粉色和蓝色，轻盈和柔和的感觉呼之欲出，是非常适合女儿房的配色，同样也适合表达女性特征的空间。粉色的温柔与蓝色的清雅，恰到好处地融合在一起，共同营造出如梦如幻的空间意境。

C0 M0 Y0 K0
C78 M54 Y50 K7

C14 M18 Y12 K0

C0 M0 Y0 K0
C87 M83 Y70 K54
C26 M52 Y35 K0
C83 M56 Y0 K0

C85 M64 Y12 K0
C14 M48 Y20 K0
C22 M8 Y8 K0
C0 M0 Y0 K0

C52 M31 Y26 K0
C0 M0 Y0 K0
C22 M45 Y22 K0

C46 M31 Y26 K0　C24 M35 Y26 K0　C35 M31 Y38 K0

C26 M47 Y35 K0　C58 M26 Y20 K6　C42 M40 Y36 K0

C20 M18 Y20 K0　C53 M37 Y30 K0　C27 M40 Y40 K0

C0 M0 Y0 K0　C16 M28 Y16 K0　C51 M20 Y11 K0

轻盈灵动

当红色与蓝色作为空间中的点缀色出现时，色彩之间的碰撞令人眼前一亮。两种色彩频繁且小面积地出现在软装之中，色彩之间既有对比又有呼应，在和谐中相互独立。

C16 M18 Y18 K0　　C0 M0 Y0 K100
C89 M76 Y57 K22　　C22 M85 Y63 K0

C41 M67 Y47 K1　　C92 M71 Y43 K16
C8 M7 Y7 K0

C12 M10 Y10 K0　　C0 M0 Y0 K100
C40 M100 Y94 K6　　C68 M36 Y18 K0

C8 M7 Y7 K0　　C23 M70 Y46 K0
C92 M79 Y29 K2

C35 M27 Y24 K0

C97 M80 Y40 K4

C49 M99 Y99 K23

C5 M4 Y3 K0

C36 M30 Y27 K0

C70 M35 Y50 K0

C47 M82 Y57 K3

C22 M16 Y19 K0

C34 M38 Y58 K0

C10 M86 Y64 K0

C93 M74 Y31 K2

C18 M15 Y13 K0

C100 M91 Y47 K12

C23 M80 Y71 K0

乡野丰硕

黄色与蓝色的搭配，可以塑造出经典的撞色系列，带来强烈的视觉体验。但相较红绿对比色，这组色彩搭配带来的碰撞并不跳跃，更易被人接受。黄色的成熟、蓝色的清爽，糅合在一起，热闹中不失冷静，就像是秋日的乡野，既承载着丰收的喜悦，也能带来一场关于人生的思索。

C16 M36 Y82 K0　C85 M51 Y14 K0　C60 M78 Y99 K44

C16 M29 Y94 K0　C91 M66 Y3 K0　C0 M0 Y0 K0

C18 M32 Y66 K0　C0 M0 Y0 K0　C69 M40 Y29 K0

C12 M16 Y50 K0　C77 M36 Y50 K0　C47 M79 Y100 K16

C57 M32 Y27 K11
C0 M0 Y0 K0
C47 M54 Y64 K8
C16 M43 Y90 K21

C18 M11 Y12 K0
C14 M27 Y92 K9
C82 M77 Y49 K17
C58 M80 Y99 K47

C0 M0 Y0 K0
C30 M23 Y63 K0
C70 M49 Y34 K0

C0 M0 Y0 K0
C47 M25 Y25 K0
C47 M51 Y51 K0
C38 M30 Y55 K0

传统意蕴

黄色和蓝色均属于中式传统色，也是来自于皇家的色彩，用其打造中式风格的家居再合适不过。从青花瓷中提取出来的蓝色，意蕴十足，奠定了清雅的基调；而代表尊贵的黄色，则令家居蒙上了一层高雅色彩。

C0 M0 Y0 K0
C62 M87 Y87 K52

C75 M45 Y27 K0
C16 M39 Y86 K0

C8 M12 Y36 K0
C81 M56 Y39 K0
C63 M69 Y73 K24

C0 M0 Y0 K0
C82 M65 Y36 K5
C5 M5 Y85 K0

C13 M28 Y70 K7
C49 M53 Y54 K0
C82 M39 Y14 K0

C77 M40 Y18 K0
C0 M0 Y0 K0
C80 M76 Y87 K60
C5 M15 Y41 K0

C16 M13 Y18 K0
C12 M16 Y40 K0
C96 M83 Y26 K0

C68 M50 Y30 K0
C35 M34 Y73 K1
C10 M7 Y11 K0

C0 M0 Y0 K0
C22 M34 Y81 K0
C0 M0 Y0 K100
C83 M68 Y37 K1

明朗纯粹

明亮的蓝色作为空间的主色，传达出梦幻感，而高明度的亮黄色仿若跳跃着的步伐，并无规律可言的出现方式，反而比大面积平铺来得让人惊喜。在如此明朗、纯粹的色彩搭配之间，运用白色进行连接，使愉悦、爽朗的好心情悄无声息地漫溢在心间。

C0 M0 Y0 K0　C51 M54 Y56 K0　C52 M14 Y22 K0
C92 M82 Y38 K3　C40 M47 Y76 K0

C0 M0 Y0 K0　C43 M7 Y14 K0
C97 M77 Y54 K20　C21 M29 Y67 K0

C50 M18 Y11 K0　C31 M30 Y25 K0　C22 M26 Y72 K0

C30 M14 Y19 K0　C68 M60 Y42 K1　C15 M49 Y92 K0

C37 M26 Y34 K0

C65 M8 Y22 K0

C16 M17 Y85 K0

C31 M8 Y7 K0

C14 M16 Y65 K0

C47 M69 Y82 K9

C0 M0 Y0 K0

C33 M21 Y9 K0

C43 M16 Y14 K0

C23 M38 Y79 K0

C32 M17 Y13 K0

C80 M71 Y62 K28

C0 M0 Y0 K0

C25 M39 Y74 K0

深远活力

清爽的蓝色容易给人带来清爽、明亮的视觉感，深色调的蓝色则具备了理性思维，大面积使用可以为空间带来深远的韵味。若再利用少量的黄色来点缀，就能够焕发出空间时髦的活力，既不会打破稳重的高级感，又不会过于沉闷。

● C93 M80 Y40 K4　● C20 M30 Y89 K0　● C0 M0 Y0 K100

● C80 M69 Y43 K4　● C15 M7 Y60 K0　● C13 M12 Y7 K0

● C94 M77 Y40 K4　○ C0 M0 Y0 K0
● C78 M83 Y80 K65　● C12 M28 Y87 K0

● C22 M18 Y20 K0　● C91 M88 Y38 K0
● C16 M20 Y88 K0

C81 M30 Y7 K0　C28 M21 Y18 K0　C9 M17 Y87 K0

C83 M67 Y31 K0　C18 M20 Y34 K0　C62 M77 Y83 K42

C82 M45 Y25 K0　C72 M77 Y68 K39
C25 M40 Y77 K0

C100 M88 Y28 K0　C52 M17 Y12 K0
C0 M0 Y0 K0　C8 M0 Y76 K0

轻奢精致

当优雅高贵的宝蓝色遇上精致堂皇的金色，可以奠定奢华、高贵的空间氛围。一冷一暖的对比搭配，将蓝色的冷淡和金色的温暖冲淡，仅留下恰到好处的精致感，不会太过强烈而变得沉重老气，而是更有轻快优雅的轻奢感。

○ C0 M0 Y0 K0 ● C85 M42 Y44 K0 ● C23 M43 Y62 K0

● C37 M36 Y42 K0 ● C96 M79 Y15 K0 ● C55 M67 Y98 K19

○ C0 M0 Y0 K0 ● C94 M87 Y53 K35 ● C38 M46 Y86 K0

● C19 M12 Y19 K0 ● C100 M79 Y21 K10 ● C37 M60 Y98 K18

○ C0 M0 Y0 K0
● C97 M78 Y49 K11
● C72 M65 Y60 K14
● C29 M53 Y88 K0

○ C0 M0 Y0 K0
● C98 M83 Y28 K0
● C20 M25 Y25 K0
● C16 M25 Y56 K0

○ C0 M0 Y0 K0
● C17 M26 Y39 K0
● C31 M35 Y32 K0
● C73 M51 Y18 K0

○ C0 M0 Y0 K0
● C85 M72 Y51 K14
● C12 M12 Y17 K0
● C18 M21 Y78 K0

明媚轻松

在白色为主色的空间中，利用黄色与蓝色来装点，冷与暖交融的色彩点缀，展现轻奢格调的同时，也完美表达了生活本该有的明媚与轻松。其中，黄色带来阳光般的惬意与明媚，蓝色则为空间注入了清爽感。

C0 M0 Y0 K0　C43 M32 Y20 K0　C23 M33 Y66 K0　C78 M50 Y23 K0

C0 M0 Y0 K0　C15 M25 Y60 K0　C15 M15 Y17 K0　C55 M38 Y21 K0

C21 M14 Y16 K0　C93 M79 Y66 K45　C7 M23 Y69 K0

C0 M0 Y0 K0　C73 M45 Y29 K0　C36 M40 Y42 K1　C31 M39 Y77 K0　C0 M0 Y0 K100

C17 M16 Y23 K0

C27 M39 Y66 K1

C95 M98 Y52 K25

C17 M24 Y37 K0

C18 M24 Y84 K0

C96 M85 Y24 K0

C12 M14 Y18 K0

C0 M0 Y0 K0

C62 M38 Y28 K0

C31 M42 Y56 K0

C8 M42 Y100 K0

C0 M0 Y0 K0

C0 M0 Y0 K100

C7 M4 Y73 K0

C100 M100 Y35 K5

柔和舒缓

如果说蓝色与黄色的搭配，带来的是一种视觉上的惊艳；那么，蓝色与褐色的搭配，则柔和了许多，更具舒缓氛围。清淡的蓝色为家中降温，柔和的浅木色则使家中的氛围不至于过分清冷。

C0 M0 Y0 K0　C25 M37 Y48 K0　C58 M36 Y27 K0

C0 M0 Y0 K0　C26 M12 Y12 K0　C26 M32 Y30 K4

C0 M0 Y0 K0　C23 M24 Y29 K0　C40 M22 Y20 K0　C59 M89 Y100 K49

C0 M0 Y0 K0　C25 M30 Y27 K0　C43 M75 Y85 K6　C25 M9 Y7 K0

神秘浓烈

当孔雀蓝大面积出现在空间墙面上时，这种融合了蓝与绿的色彩，既有着蓝色的空灵，又不乏绿色的生机。再搭配深色调的褐色，整个空间充斥着浓烈、醉人的神秘力量，带给人由内而外的能量感。

● C78 M18 Y18 K0　● C38 M58 Y65 K0　● C82 M80 Y81 K67

● C90 M51 Y34 K38　● C38 M62 Y76 K1　○ C0 M0 Y0 K0

● C79 M41 Y35 K0　● C40 M47 Y49 K0
○ C0 M0 Y0 K0

● C44 M72 Y67 K3　● C80 M31 Y45 K0
● C0 M0 Y0 K100　● C22 M12 Y14 K0

深沉质朴

深色调的牛仔蓝具有深沉、稳重的视感，与同样沉稳、质朴的褐色系搭配，能够带来抚慰心灵的温柔力量与优雅质感。再以白色调和，可使空间氛围平和却不死气沉沉。色彩之间的组合，如同天空、白云与大地的缩影，自成一派令人心动的风景。

C62 M33 Y18 K0　C71 M78 Y73 K43　C0 M3 Y8 K0

C63 M30 Y19 K5　C9 M6 Y8 K0　C41 M62 Y83 K3

C69 M54 Y41 K1　C59 M60 Y64 K7　C21 M20 Y22 K0

C65 M45 Y32 K0　C46 M46 Y47 K0　C0 M0 Y0 K100

温润丰盈

高贵的宝蓝色如深邃的湖水，在纷繁的尘世间独自寂静欢喜，不为尘世的一切所动，只求自身的丰盈。能与这种色彩进行搭配的颜色，可以高贵，但不能嘈杂。于是温润褐色系的出现，柔和了宝蓝色的疏离，让空间呈现出更加平易近人的基调。

C12 M9 Y8 K0

C46 M53 Y58 K0

C79 M63 Y40 K1

C94 M72 Y32 K0
C65 M54 Y49 K2
C28 M41 Y45 K0

C0 M0 Y0 K0
C97 M84 Y45 K9
C36 M28 Y24 K0
C51 M67 Y94 K13

C89 M57 Y2 K0
C38 M35 Y38 K0
C31 M39 Y49 K0
C0 M0 Y0 K0

坚毅硬朗

以暗沉的蓝色作为背景色，能够凸显出坚毅、硬朗的空间特点。同时利用棕色系搭配暗夜蓝，兼具亲切感和理智感的氛围。最后加入白色进行调和，营造出具有温馨感和力度感的基调，使空间配色统一而具有层次感。

● C87 M75 Y43 K6

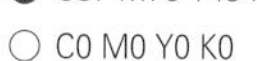
○ C0 M0 Y0 K0

● C52 M47 Y53 K0

● C91 M87 Y64 K43

● C62 M71 Y91 K35

● C46 M23 Y9 K0

● C25 M23 Y22 K0

● C87 M84 Y65 K46

● C40 M49 Y57 K0

● C56 M43 Y37 K0

● C87 M80 Y51 K17

● C9 M8 Y7 K0

● C45 M62 Y76 K3

C98 M8 Y41 K0

C53 M43 Y38 K2

C0 M0 Y0 K0

C30 M53 Y66 K0

C100 M92 Y45 K11

C11 M11 Y12 K0

C29 M33 Y34 K0

C73 M60 Y35 K31

C38 M51 Y69 K13

C0 M0 Y0 K100

C93 M85 Y47 K14

C19 M34 Y55 K15

质拙理性

当空间中运用了大量的褐色系建材时，可以呈现出质拙、朴实的感觉。无论是体现在顶面、墙面，还是地面，均能给人一种安全感。若空间中的主角色为深色调的蓝色，则渲染出了理性氛围。

C19 M19 Y21 K0

C47 M62 Y67 K3

C86 M72 Y38 K2

C52 M64 Y65 K8

C0 M0 Y0 K0

C31 M38 Y44 K0

C94 M76 Y0 K0

C40 M54 Y78 K0

C24 M22 Y24 K0

C89 M72 Y20 K6

C40 M44 Y54 K0

C0 M0 Y0 K0

C100 M97 Y50 K18

C29 M20 Y17 K0

平静深厚

褐色系是美妙而浓重的自然色，使人联想到木材与岩石，营造出深厚的环境氛围；再以饱和度略低的蓝色系搭配，以最平和的方式增加空间的色彩层次，在不影响整体平静的氛围下，增添视觉变化。

C22 M18 Y20 K0　C54 M69 Y76 K15
C91 M83 Y50 K18

C21 M16 Y15 K0　C22 M23 Y25 K0
C27 M52 Y57 K0　C90 M82 Y60 K36

C22 M20 Y23 K0　C56 M63 Y68 K10
C94 M93 Y51 K25

C21 M15 Y15 K0　C85 M81 Y43 K8
C75 M69 Y66 K28　C42 M50 Y60 K1

四、互补色搭配

醒目生机

红色与绿色搭配，会因为色彩的对比度达到最大鲜明度，而造成极强的视觉刺激，也令空间具备了鲜艳夺目的生命力。当大面积“红”搭配小面积的“绿”时，空间的活力有所提升；若红绿色皆作为空间的小面积配色时，则刺激感降低，视觉感更舒适。

C11 M6 Y5 K0
C49 M99 Y95 K25
C37 M51 Y85 K2
C78 M50 Y99 K14

C0 M0 Y0 K0
C75 M49 Y99 K12
C12 M93 Y100 K0

C14 M12 Y16 K0

C0 M72 Y40 K0

C30 M30 Y34 K0

C56 M45 Y81 K4

C12 M12 Y12 K0

C52 M42 Y63 K0

C21 M18 Y15 K0

C15 M72 Y43 K0

C24 M16 Y17 K0

C16 M89 Y89 K0

C74 M67 Y64 K23

C54 M23 Y80 K0

C0 M0 Y0 K0

C51 M98 Y96 K32

C28 M26 Y29 K0

C43 M32 Y72 K0

深厚浓郁

暗红色将奔放的情绪压制，转化成无声的高贵。这种色彩作为空间的主色，可以营造出具有深厚内涵的空间氛围。再搭配同样降低了饱和度的绿色，色调之间的对比有所降低，加强了融合度。

- C48 M87 Y64 K8
- C54 M76 Y83 K23
- C74 M57 Y100 K24

- C70 M62 Y74 K20
- C40 M45 Y36 K0
- C58 M84 Y70 K27
- C32 M38 Y52 K0

- C0 M0 Y0 K0
- C32 M26 Y26 K0
- C16 M62 Y69 K17
- C67 M50 Y83 K39

- C51 M73 Y67 K14
- C67 M54 Y79 K16
- C24 M23 Y23 K0

● C23 M62 Y61 K27 ● C25 M43 Y65 K23 ● C85 M55 Y92 K26 ● C33 M39 Y65 K29

● C38 M72 Y60 K0 ● C75 M34 Y82 K40
● C20 M38 Y41 K22

● C22 M59 Y57 K22 ● C80 M36 Y93 K37
● C27 M51 Y68 K31 ● C22 M20 Y25 K0

尊贵品质

将暗红色表现在丝绒或绸缎上时，尊贵的品质感更加浓烈。若在家中摆放上一个暗红色丝绒沙发，或者选用暗红色的绸缎床品，可以在无形中提升家居品位。浓色调或浊色调绿色的加入，使空间既保留了高贵的气质，又增添了一分生机。

○ C0 M0 Y0 K0
● C51 M38 Y63 K0
● C23 M94 Y89 K34

● C18 M15 Y9 K0
● C40 M29 Y44 K0
● C60 M52 Y57 K3
● C40M84 Y59 K3

○ C0 M0 Y0 K0
● C18 M40 Y31 K0
● C86 M65 Y85 K46
● C48 M88 Y85 K20

清新温柔

淡雅的贝壳粉作主色，能够呈现出低调的可爱感觉，搭配清新、自然的青瓷绿，没有强烈撞色带来的冲击感，取而代之的是柔和的清爽。原本是一份不够浓烈的甜蜜，在青瓷绿的搭配下，却以一种温柔的感觉渲染着清新的自然氛围。

C9 M6 Y5 K0

C16 M45 Y37 K0

C62 M33 Y62 K0

C7 M32 Y29 K0

C33 M51 Y68 K0

C76 M47 Y62 K3

C0 M0 Y0 K100

C29 M53 Y47 K0

C0 M0 Y0 K0

C0 M0 Y0 K0

C54 M14 Y48 K0

C21 M49 Y34 K0

C40 M33 Y44 K0

温柔精致

带有灰调的淡山茱萸粉与灰绿色，保留了少女甜美感的同时，将甜腻的感觉过滤掉。这两种色彩糅合在同一个空间之中，可以散发淡淡的精致感。其中，淡山茱萸粉可以作为大面积的墙面背景色，令空间更显女性的温柔。

C22 M27 Y20 K0 C0 M0 Y0 K0 C43 M21 Y33 K0

C49 M45 Y46 K0 C56 M39 Y47 K0 C27 M43 Y36 K0

C17 M12 Y12 K0 C34 M40 Y33 K0 C81 M40 Y72 K0

C32 M41 Y38 K0 C36 M28 Y27 K0 C83 M65 Y78 K16

C19 M15 Y14 K0

C24 M28 Y23 K0

C89 M76 Y68 K46

C17 M15 Y17 K0

C20 M34 Y44 K0

C22 M35 Y31 K0

C70 M29 Y44 K0

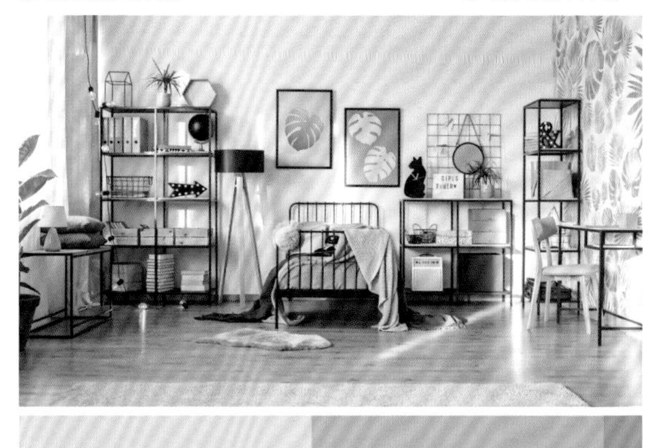

C0 M0 Y0 K0

C27 M41 Y37 K0

C0 M0 Y0 K100

C89 M64 Y83 K62

C51 M31 Y44 K0

C22 M30 Y25 K0

C22 M18 Y17 K0

优雅高级

当暗浊色调的粉色和绿色搭配，运用在空间中的背景色或主角色中，甜腻、轻柔的氛围有所降低，优雅、高级的氛围迎面扑来。这样的空间配色比较适合事业有所成就的精英女士。

C16 M14 Y19 K0
C42 M84 Y57 K3
C78 M69 Y85 K49
C44 M77 Y100 K8

C88 M51 Y78 K11
C0 M0 Y0 K0
C15 M30 Y20 K0

C9 M9 Y10 K0　C16 M60 Y36 K0　C60 M32 Y69 K0

C9 M7 Y6 K0　C62 M84 Y72 K16　C61 M19 Y50 K0

C13 M27 Y23 K0　C82 M71 Y75 K46　C47 M61 Y65 K2

C94 M72 Y74 K50　C7 M7 Y8 K0　C44 M91 Y100 K12

轻松怡人

轻柔的粉色与鲜翠的绿色相搭配，总能给人带来一种轻快、怡人的视觉感受。这样的色彩组合，无论是作为大面积的背景色，还是作为点缀色分布在家居软装之中，均能让人的心情随之放松，静享优雅生活。

C11 M8 Y14 K0　C76 M41 Y89 K3　C13 M28 Y15 K0

C5 M3 Y3 K0　C88 M45 Y91 K3　C38 M27 Y24 K0　C10 M33 Y22 K0

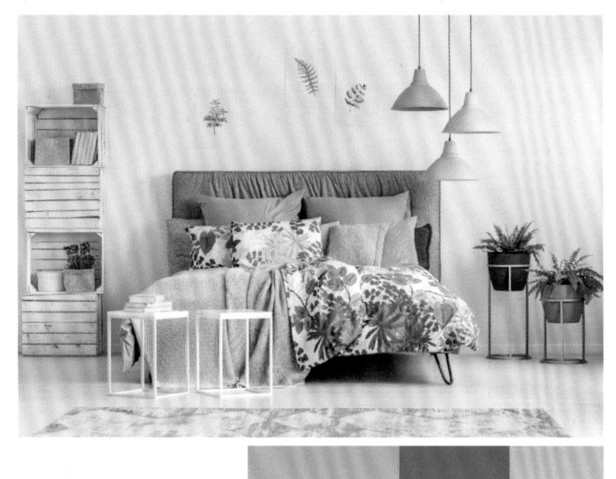

C12 M9 Y7 K0　C17 M25 Y10 K0　C85 M68 Y64 K29

C14 M16 Y13 K0
C0 M0 Y0 K100
C87 M51 Y70 K16

C16 M16 Y14 K0
C44 M38 Y76 K0
C0 M0 Y0 K0
C20 M47 Y34 K0

C82 M66 Y65 K28
C51 M73 Y99 K18
C21 M24 Y18 K0

C9 M25 Y11 K0
C0 M0 Y0 K0
C85 M40 Y57 K0
C0 M0 Y0 K100

绚烂生机

绿色无疑是最能体现出生机的色彩，当轻柔色调的绿色作为家居中的主色时，令人仿佛置身于春日的田野身心放松。这时再用红粉色作为辅助色装点家居，犹如田野中盛放的鲜花般绚烂夺目。

C7 M6 Y11 K0　C35 M22 Y34 K0
C14 M89 Y47 K0　C67 M94 Y98 K66

C20 M14 Y15 K0　C81 M57 Y90 K28
C32 M74 Y79 K0

C32 M18 Y35 K0　C55 M62 Y84 K11
C21 M56 Y45 K0　C0 M0 Y0 K0

C46 M37 Y69 K0　C37 M100 Y100 K3
C54 M72 Y84 K18

C24 M8 Y24 K0
C50 M99 Y100 K27
C82 M63 Y52 K12
C10 M8 Y9 K0

C51 M35 Y60 K0
C31 M97 Y98 K0
C47 M63 Y76 K5

C45 M29 Y44 K0
C60 M36 Y85 K1
C22 M58 Y36 K0

C34 M19 Y47 K0
C33 M36 Y55 K0
C22 M100 Y98 K0

高级潮流

降低了明度的浊色调绿色低调了许多，即使大面积出现在家居背景色中，也不会过分张扬。搭配饱和度不高的红粉色系，对比感有所削弱，和谐度大大提升。这样的配色显得更加高级且充满了潮流感。

C55 M36 Y52 K28
C27 M23 Y20 K0
C53 M85 Y86 K29
C0 M0 Y0 K100

C76 M72 Y78 K47
C18 M26 Y27 K0
C67 M58 Y64 K9

C0 M0 Y0 K0
C49 M40 Y51 K0
C60 M60 Y60 K14
C36 M49 Y45 K0

C37 M24 Y37 K0
C43 M90 Y82 K8
C21 M27 Y35 K0

C35 M21 Y23 K0
C19 M12 Y9 K0
C41 M82 Y85 K5
C56 M78 Y97 K36

C0 M0 Y0 K0
C63 M71 Y65 K19
C43 M51 Y49 K0
C49 M34 Y42 K0

C68 M52 Y63 K5
C20 M18 Y23 K0
C38 M80 Y77 K5

C0 M0 Y0 K0
C54 M42 Y55 K0
C49 M77 Y65 K7

冷艳高贵

深色调的绿色少了清爽的感觉，多了深邃的气质，优雅的韵味逐渐被激发。与色调同样深浓的红色搭配，迸发而出的冷艳、高贵气质，一下就能击中人心。拥有这样配色的空间，容易产生复古的气质，又不乏清透之美。

C81 M66 Y74 K36　C13 M11 Y14 K0　C29 M84 Y46 K0

C63 M28 Y48 K23　C31 M55 Y50 K0　C25 M29 Y40 K0

C77 M51 Y54 K0　C40 M52 Y44 K0　C33 M35 Y49 K0

C67 M35 Y61 K29　C6 M5 Y11 K0　C41 M70 Y62 K5

C83 M60 Y65 K18
C16 M27 Y18 K0
C9 M7 Y7 K0

C82 M63 Y66 K23
C40 M92 Y73 K4
C28 M26 Y27 K0
C74 M74 Y72 K43

C79 M56 Y77 K24
C31 M22 Y20 K0
C23 M56 Y48 K2
C0 M0 Y0 K100

C61 M37 Y47 K36
C47 M99 Y100 K23
C70 M70 Y67 K29

鲜艳田园

红色与绿色的搭配，最容易营造出具有田园感的家居氛围。红色是花朵、是果实，绿色是叶子、是芳草，两种色彩相互补充，相互调和，形成鲜艳、且具有冲击感的组合。若将这两种色彩表现在花草纹样中，则能够起到事半功倍的效果。

C46 M34 Y67 K33　C57 M100 Y100 K51　C17 M14 Y16 K0

C47 M100 Y100 K20　C54 M51 Y81 K4

精致内敛

在绿色调中融合一些黑色时，就成了精致、内敛的孔雀绿，这种色彩如同被阳光照亮的水域，冷静而甜美。若将孔雀绿作为空间中的主角色，再在其间点缀上红色细节，形成视觉冲击，可以大幅增加空间的记忆度。

C8 M6 Y6 K0　C93 M69 Y79 K51　C23 M100 Y100 K0

C14 M10 Y11 K0　C11 M11 Y16 K0　C91 M71 Y88 K60　C18 M89 Y91 K0

C12 M9 Y8 K0　C91 M65 Y80 K43　C26 M65 Y54 K0

C36 M80 Y75 K1　C93 M54 Y58 K14　C33 M20 Y17 K0

时尚个性

橙色与蓝色，一个彰显着时尚与奢华，一个氤氲着高贵与优雅。作为贵族们挚爱的色调，两者的联手展露出极致诱人的高雅魅力。在家居设计中应用这组配搭，张扬的色彩与沉静的色调碰撞，强势吸睛，酷炫活力洋溢着青春的躁动，带来时尚与个性。

C84 M53 Y44 K0　C29 M88 Y96 K1　C13 M33 Y43 K0

C10 M9 Y4 K0　C80 M49 Y45 K2　C35 M76 Y86 K1

C16 M5 Y4 K0　C77 M52 Y27 K0　C10 M59 Y71 K0

C15 M16 Y19 K0　C87 M81 Y59 K32　C5 M71 Y90 K0

C85 M73 Y42 K10　C14 M75 Y91 K0　C10 M9 Y11 K0

C6 M8 Y12 K0　C43 M22 Y18 K0　C25 M74 Y83 K0

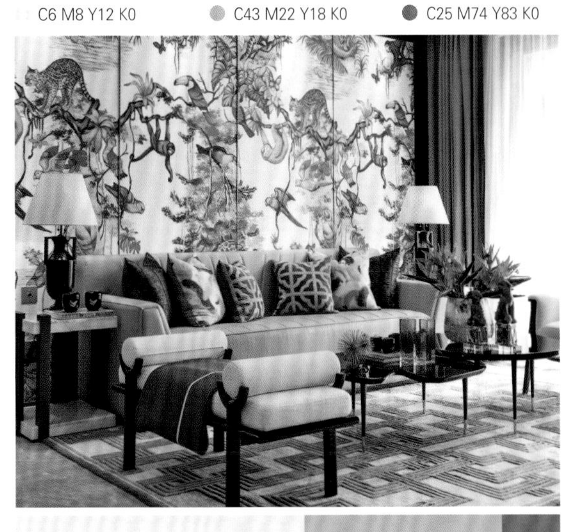

欢愉放松

充满海边度假风情的搭配必定要属于太阳橙与水蓝色，阳光与海水的交融令人的心情无比欢畅。这样高饱和度的亮色搭配，可以带来极致吸睛的诱惑力，营造出毫无压力的轻松感。

C12 M12 Y18 K0　C0 M0 Y0 K100
C5 M80 Y100 K0　C80 M43 Y1 K0

C13 M12 Y18 K0　C53 M28 Y31 K0
C28 M76 Y96 K0

C25 M17 Y20 K0　C0 M78 Y67 K0　C75 M63 Y36 K5

C25 M20 Y25 K0

C81 M63 Y47 K5

C39 M66 Y72 K1

C0 M0 Y0 K0

C68 M68 Y68 K24

C11 M54 Y81 K2

C89 M69 Y51 K11

C18 M21 Y31 K0

C3 M67 Y71 K0

C77 M47 Y20 K0

C0 M0 Y0 K0

C38 M32 Y26 K0

C5 M52 Y68 K0

C43 M4 Y13 K0

深沉冷静

降低了饱和度的橙色，犹如秋日里的落叶，带来了关于生命的思考，具有深沉的味道。搭配色调同样冷静的浊色调或浓色调的蓝色，可以营造出充满理性思维的家居氛围，比较适合打造男性空间。

C25 M25 Y20 K0　C29 M75 Y83 K7　C78 M62 Y39 K1

C0 M0 Y0 K0　C75 M59 Y48 K4　C45 M51 Y64 K0

C11 M11 Y15 K0　C81 M77 Y63 K38
C24 M66 Y80 K32　C80 M61 Y38 K0

C14 M10 Y9 K0　C22 M37 Y47 K16　C61 M65 Y39 K50
C14 M58 Y75 K5　C82 M52 Y22 K0

轻奢艺术

紫色系与黄褐色系的搭配，看似不易融合，但若搭配适宜，却能够创造出视觉上的奇迹。当两种色彩的色调均比较浅淡时，温婉的色彩组合可以为空间勾勒出轻奢的轮廓；若两种色彩的饱和度均较高，对比强烈的撞色，容易带来视觉上的冲击。

C43 M36 Y25 K0
C21 M35 Y72 K0
C51 M88 Y100 K28

C62 M52 Y25 K0
C31 M37 Y56 K0
C0 M0 Y0 K0

C91 M93 Y28 K31
C69 M82 Y76 K45
C55 M70 Y98 K21
C1 M24 Y47 K0

现代都市

黑色是明度最低的色彩，具有绝对的重量感，用它作为配色，能够强化现代、冷峻的感觉；白色作为明度较高的色彩，通过与黑色之间明度差的对比，彰显出了干练风范。黑色与白色的经典搭配，带来具有强烈都市气息的空间氛围。

● C79 M75 Y75 K51　● C67 M64 Y68 K19　○ C0 M0 Y0 K0

● C0 M0 Y0 K100　○ C0 M0 Y0 K0　● C33 M25 Y22 K0

● C52 M56 Y58 K68　● C16 M20 Y14 K0　○ C0 M0 Y0 K0

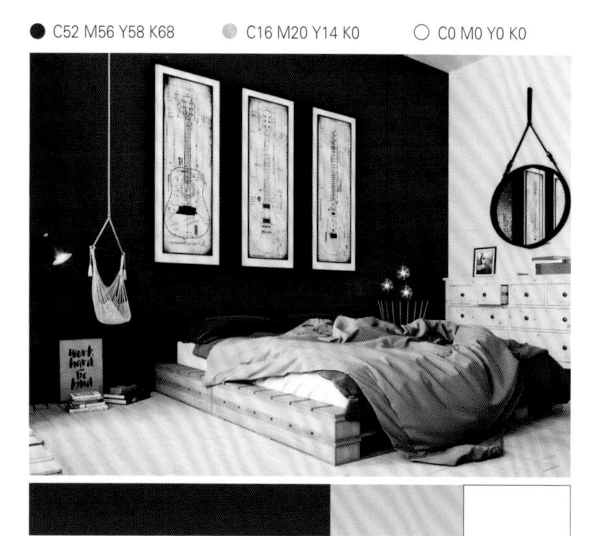

○ C0 M0 Y0 K0　● C39 M31 Y29 K0　● C80 M76 Y73 K52

○ C0 M0 Y0 K0 ● C78 M74 Y76 K49 ● C29 M30 Y38 K0

○ C0 M0 Y0 K0 ● C64 M59 Y70 K80

○ C0 M0 Y0 K0 ● C83 M80 Y75 K60

C11 M6 Y8 K0 ● C0 M0 Y0 K100

现代活力

当无色系中的白色，遇到了充满活力的红色时，色彩之间的对比，非常容易打造出视觉焦点。若红色的饱和度较高，即使仅作为主角色出现，也能够起到提亮空间的作用；若红色的饱和度较低，则可以和白色共同作为背景色，营造出艺术化的家居氛围。

○ C0 M0 Y0 K0　● C31 M95 Y82 K2　● C11 M8 Y36 K16

● C32 M61 Y69 K0　○ C0 M0 Y0 K0　● C29 M30 Y34 K0

● C41 M86 Y96 K5　○ C0 M0 Y0 K0

C34 M96 Y94 K1　C0 M0 Y0 K0　C0 M0 Y0 K100

C0 M0 Y0 K0　C50 M96 Y92 K27　C56 M51 Y60 K1

C18 M62 Y60 K28　C0 M0 Y0 K0　C62 M64 Y72 K16

C14 M10 Y8 K0　C33 M100 Y100 K2　C28 M55 Y59 K0

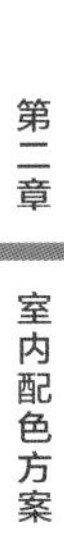

干净明亮

饱和度较高的黄色，展现出纯粹与天真的“性情”，在空间中即使小面积点缀运用，就足以让整个空间变得活跃、显眼起来。搭配同样干净、明亮的白色，仅仅是最简单的两种色彩，也能打造出令人眼前一亮的家居环境。

C7 M2 Y3 K0　C17 M16 Y24 K0　C22 M27 Y69 K0

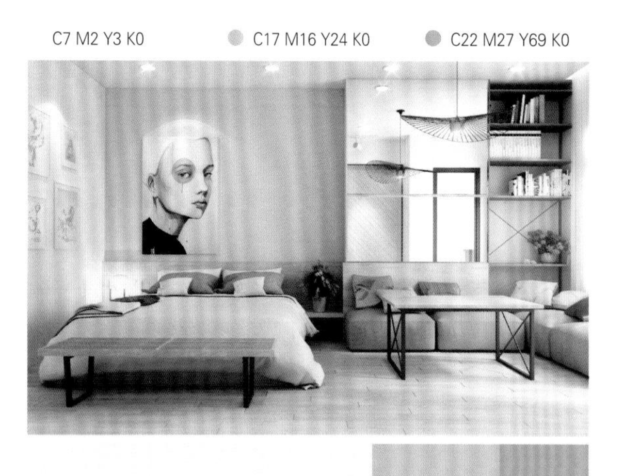

C0 M0 Y0 K0　C25 M26 Y42 K0　C8 M8 Y82 K0

C0 M0 Y0 K0　C13 M14 Y12 K0　C24 M31 Y82 K0

C0 M0 Y0 K0　C15 M14 Y12 K0　C3 M15 Y86 K0

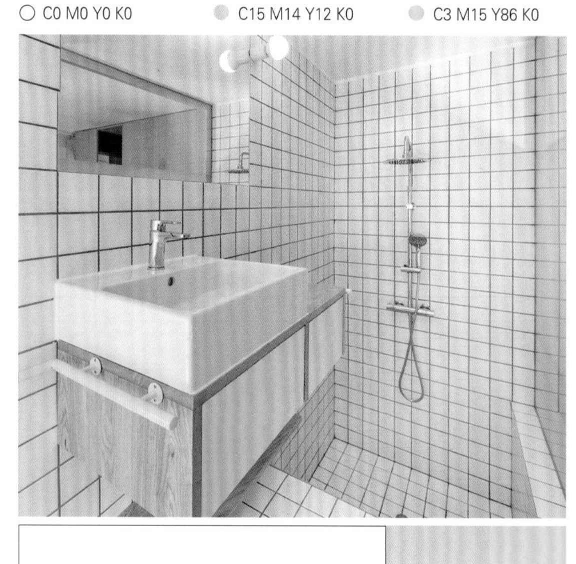

活力干净

热情的橙色作为视觉中心，元素聚集产生的能量如同炙热燃烧的跳动火焰，一层层向外蔓延，上演了一幕极具动感的热情画面。大面积的白色，有效避免橙色的过度活跃，不动声色地演绎出动静皆宜的居家生活方式。

● C20 M56 Y68 K0　● C26 M20 Y17 K0　● C37 M34 Y36 K0

○ C0 M0 Y0 K0　● C0 M0 Y0 K100　● C3 M61 Y74 K0

○ C0 M0 Y0 K0　● C4 M56 Y73 K0　● C37 M45 Y66 K0

清透
恬静

清透、柔和的蓝色，让人感到轻松与舒心，最适宜打造平和宁静、纯净治愈的生活空间。若与白色搭配使用，能够使整个空间充满优雅、恬静之感，给人耳目一新的视觉感受。

C0 M0 Y0 K0　C23 M16 Y13 K0　C83 M60 Y32 K0

C0 M0 Y0 K0　C50 M40 Y39 K0　C81 M61 Y37 K0

C0 M0 Y0 K0　C63 M39 Y32 K0　C42 M42 Y48 K0

C0 M0 Y0 K0　C27 M31 Y29 K0　C92 M75 Y31 K1

○ C0 M0 Y0 K0　● C42 M31 Y30 K0　● C54 M12 Y23 K0

○ C0 M0 Y0 K0　● C82 M68 Y42 K7

○ C0 M0 Y0 K0　● C21 M11 Y16 K0
● C54 M55 Y74 K5　● C94 M62 Y31 K28

○ C0 M0 Y0 K0　● C92 M75 Y60 K20
● C22 M41 Y72 K1

品质优雅

灰色的优雅与生俱来，柔软又充满了穿透力。此种色彩作为家居主色，简单又具备力量感。同时，这种色彩可以兼容任何颜色，即使是跳跃感极强的红色，在大面积灰色的包围下，也显得平和了许多。

C66 M50 Y40 K0　C42 M97 Y68 K4　C82 M48 Y40 K0

C49 M42 Y44 K0　C79 M74 Y74 K52　C34 M88 Y67 K0

C38 M26 Y25 K0　C0 M0 Y0 K100　C60 M84 Y83 K40

C14 M12 Y10 K0　C65 M55 Y48 K1　C48 M89 Y72 K14

温婉高雅

当静谧的高级灰与浪漫的樱花粉混合在一起时，原本典雅的空间多了温柔的感觉。其中，高级灰自带的雅致能够很好地中和樱花粉的甜腻，而樱花粉又弱化了高级灰的疏离感，整个空间演绎出甜而不腻、温婉又高雅的情调。

C45 M37 Y37 K0

C22 M17 Y16 K0

C20 M31 Y19 K0

C47 M36 Y32 K4　C12 M25 Y12 K0　C21 M39 Y49 K0

C20 M22 Y20 K0　C44 M37 Y32 K1　C89 M74 Y96 K67

C43 M33 Y40 K23　C30 M25 Y20 K0　C22 M34 Y30 K12

理性活跃

灰色在沉静、理性的调性里，自带一种成熟与魅惑的情韵，沉积着时间的底蕴。跳跃其间的黄色系，打破了原本沉寂的空间，让灵动的气息弥漫开来。松弛有度的配色之间，展现出动人心弦的美艳与风度。

C37 M34 Y21 K0　C16 M16 Y16 K0　C14 M13 Y68 K3

C44 M34 Y28 K0　C27 M22 Y23 K0　C16 M28 Y60 K0

C45 M35 Y34 K15　C0 M0 Y0 K100　C14 M16 Y88 K0

C0 M0 Y0 K0　C56 M47 Y43 K0　C18 M12 Y98 K5

C36 M30 Y24 K0　C18 M38 Y47 K0　C7 M42 Y83 K0

C48 M42 Y39 K0　C58 M46 Y38 K0　C28 M42 Y97 K0

C25 M22 Y16 K0　C18 M38 Y47 K0　C5 M38 Y90 K0

C45 M43 Y46 K0　C17 M12 Y15 K0　C12 M23 Y94 K3

温暖高级

灰色作为大面积背景色使用，搭配不当很容易出现压抑、沉闷的感觉。但若以太阳橙作为主角色，在视觉上则能够缓解灰色调的沉闷，增加活跃感，平衡整体空间的动静，把温暖和高级融合，打造出与众不同的居家氛围。

C0 M0 Y0 K0　C35 M31 Y31 K0　C43 M76 Y99 K7

C20 M15 Y14 K0　C73 M69 Y70 K34　C43 M87 Y98 K8

C52 M40 Y42 K0　C10 M63 Y78 K0　C56 M64 Y76 K14

C21 M21 Y19 K0　C11 M42 Y81 K0

沉稳深韵

相对于太阳橙的明媚，降低了饱和度的浊色调橙色更具理性感。在大面积灰色的包围下，不会显得过于活跃，而是体现出一种沉稳基调。这样的空间配色更具深韵，是可以打动事业有成的成功男士的空间配色。

C14 M11 Y10 K0　C84 M80 Y69 K51

C56 M47 Y45 K0　C18 M41 Y81 K12

C8 M7 Y5 K0　C19 M52 Y88 K17　C74 M67 Y65 K23

C36 M27 Y28 K0　C68 M69 Y73 K31　C40 M77 Y87 K3

C34 M27 Y25 K0　C63 M59 Y59 K6　C33 M38 Y48 K0

雅致高级

灰色作为大面积背景色，给空间奠定了雅致的格调，令其他色彩有了很大的发挥空间。蓝色系的点睛运用，使整个空间仿若是夜幕下的爱琴海，静美的景象在冷色的浸染下撩拨着我们的感官。整个空间的氛围优雅、丰富，高级、舒适。

C0 M0 Y0 K0　C60 M51 Y47 K0　C90 M72 Y16 K0

C12 M9 Y8 K0　C27 M27 Y28 K0　C81 M70 Y41 K3

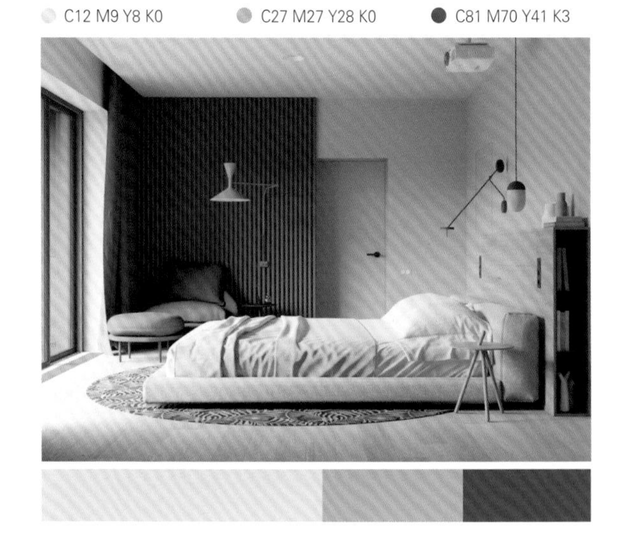

C15 M10 Y11 K0　C60 M56 Y54 K16　C94 M88 Y40 K7

C0 M0 Y0 K0　C57 M57 Y56 K6　C85 M78 Y49 K18

○ C0 M0 Y0 K0 ● C50 M42 Y39 K0 ● C87 M70 Y28 K0

● C34 M26 Y25 K0 ● C87 M83 Y29 K1

● C18 M14 Y13 K0 ● C91 M84 Y39 K4 ● C32 M32 Y34 K0

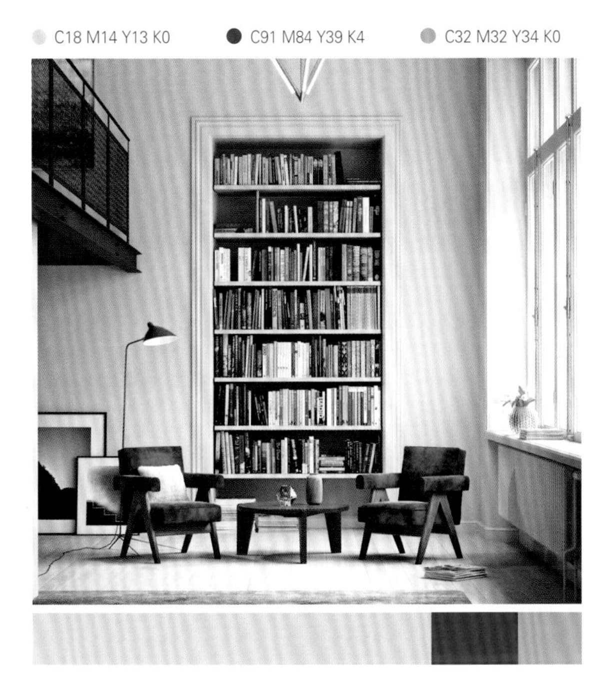

● C41 M31 Y31 K0 ● C92 M86 Y46 K12 ● C38 M43 Y59 K0

复古明艳

黑色的优雅低调，红色的热情张扬，两种不同视觉感受的色彩融合在一起，形成了复古又内敛的配色效果。在搭配时，以魅影黑作为空间主色，可以奠定平稳的氛围，再加入红色辅助，增添热烈情绪。其中，红色的使用无需过多，只需一点儿就足够惊艳。

○ C0 M0 Y0 K0　● C0 M0 Y0 K100　● C14 M78 Y71 K2

● C52 M58 Y58 K81　● C27 M29 Y26 K0　● C32 M94 Y84 K4

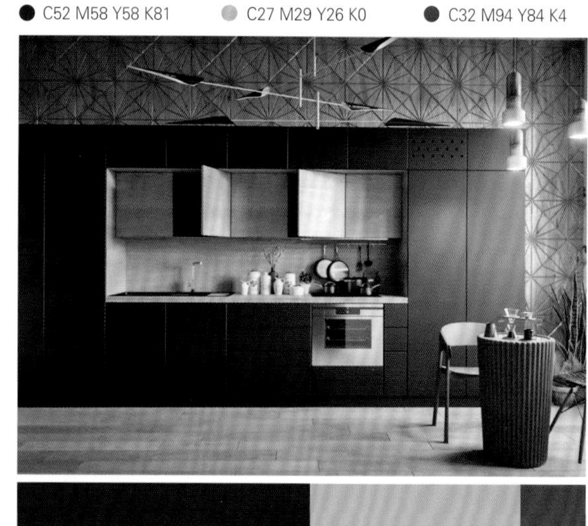

○ C0 M0 Y0 K0　● C70 M71 Y79 K40　● C14 M91 Y80 K0

● C69 M67 Y68 K23　● C11 M11 Y9 K0　● C52 M80 Y71 K16

C67 M64 Y62 K16　C54 M56 Y61 K3　C23 M84 Y71 K44

C79 M75 Y79 K55　C50 M43 Y37 K0　C41 M74 Y74 K2

C0 M0 Y0 K0　C25 M42 Y34 K0　C67 M58 Y56 K6

C64 M56 Y58 K68　C28 M78 Y69 K0　C0 M0 Y0 K0　C17 M52 Y64 K31

精致个性

黑色并不只是男性西装颜色的专利，独立的现代女性也可以包含野心与欲望，在世界的一隅独自盛放着骄傲。因此，当黑色大面积出现在女性家居中时，不必觉得诧异，这种色彩与同样带有灰调的粉色结合，可以增加精致感，体现当代女性自我个性的释放。

C74 M64 Y51 K7　C24 M39 Y34 K0　C0 M0 Y0 K0

C0 M0 Y0 K0　C77 M70 Y61 K25　C35 M47 Y40 K0

C83 M79 Y63 K37　C0 M0 Y0 K0　C17 M28 Y12 K0

C0 M0 Y0 K0　C20 M17 Y15 K0　C16 M43 Y24 K0

C9 M28 Y18 K0　C74 M76 Y73 K49　C7 M10 Y11 K0

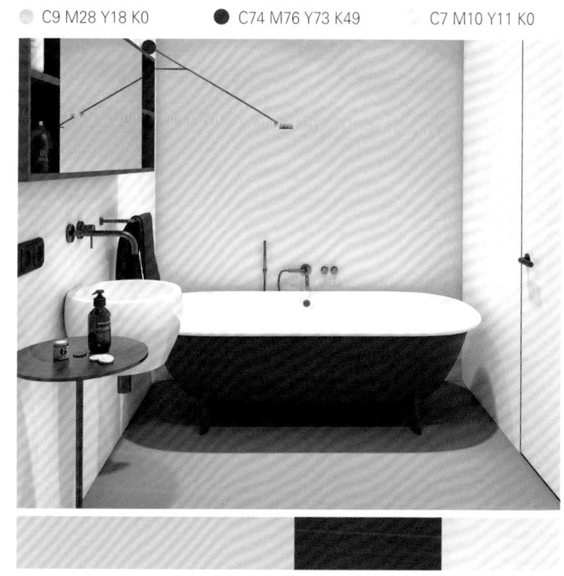

C17 M21 Y12 K0　C0 M0 Y0 K100

C23 M46 Y40 K0　C12 M19 Y25 K0　C70 M63 Y65 K18

潮流时尚

当深沉的黑色与活泼的黄色进行组合，碰撞出的氛围不会过于沉闷，也不会过于刺激。可以将黑色作为背景色，黄色进行辅助搭配，中和掉空间沉闷、冰凉的视觉感受，只保留沉稳、时尚的情绪，带来一种潮流态度的完美诠释。

● C78 M76 Y69 K43　● C43 M54 Y74 K1　● C15 M17 Y87 K9

● C82 M78 Y81 K62　● C29 M20 Y15 K0　● C11 M15 Y70 K0

● C7 M4 Y9 K0　● C0 M0 Y0 K100　● C33 M31 Y32 K0　● C31 M38 Y89 K0

● C73 M69 Y74 K35　● C18 M35 Y83 K0

C0 M0 Y0 K0
C10 M4 Y89 K0
C85 M82 Y75 K64

C80 M76 Y68 K43
C31 M65 Y63 K0
C38 M31 Y22 K0
C22 M22 Y84 K0

C72 M64 Y68 K23
C40 M38 Y38 K0
C21 M19 Y87 K0

C11 M15 Y74 K0
C91 M76 Y56 K21
C0 M0 Y0 K0

沉静优雅

加入了灰调的橙色其明度与纯度均较低，即使大面积使用，也不会具有过于刺激的观感，反而能够使空间散发出沉静、优雅的基调。在此种色彩的映衬下，即使搭配略显孤傲的黑色，接受起来也比较容易。

C12 M46 Y52 K0　C20 M12 Y12 K0　C0 M0 Y0 K100

C28 M47 Y50 K0　C17 M71 Y86 K0　C54 M53 Y55 K2

C12 M10 Y11 K0　C31 M66 Y82 K0　C72 M80 Y90 K61

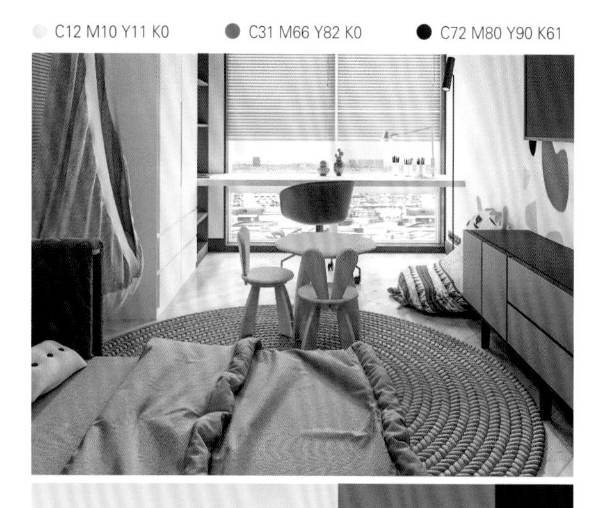

C16 M26 Y29 K0　C22 M61 Y77 K0　C72 M72 Y74 K39

C16 M64 Y85 K11　C64 M51 Y43 K0　C29 M24 Y28 K0

C0 M0 Y0 K100　C41 M37 Y33 K16　C19 M45 Y54 K0

C18 M73 Y94 K20　C83 M76 Y67 K45　C53 M44 Y40 K0

C15 M52 Y65 K7　C27 M22 Y24 K0　C0 M0 Y0 K100

前卫艺术

在空间中运用黑色做底色，可以营造出有深度的空间氛围。若叠加宝蓝色或孔雀蓝作主角色，可以打破空间的沉寂，凸显出无与伦比的尊贵感。这样的配色比较前卫，适合体现艺术化的家居氛围。

● C44 M43 Y47 K40 ● C45 M34 Y26 K16 ● C92 M56 Y22 K18

● C56 M56 Y54 K2 ● C31 M24 Y23 K0 ● C78 M50 Y59 K4

● C60 M62 Y56 K5 ● C66 M24 Y36 K11 ● C12 M8 Y8 K0

● C80 M74 Y72 K47 ● C36 M36 Y34 K0 ● C57 M20 Y26 K6

C0 M0 Y0 K0
C67 M58 Y56 K5
C40 M30 Y35 K0
C94 M86 Y45 K11
C32 M91 Y99 K1

C75 M69 Y67 K30
C18 M13 Y13 K0
C94 M89 Y41 K54

C76 M73 Y70 K38
C92 M65 Y16 K1
C44 M49 Y67 K0

C75 M67 Y32 K24
C0 M0 Y0 K100
C15 M11 Y11 K0

五、多色搭配

活力鲜妍

色彩是情绪，也是旋律。红黄蓝三原色的搭配，仿佛一曲和谐的乐章，将活力无限的情绪蔓延到家居角落。让人眼前一亮的红色，搭配同样抢眼的黄色，充满了明媚与鲜妍，深浅不一的蓝色则平衡了喧嚣，给人冷静思考的余地。

C0 M0 Y0 K0　C63 M31 Y22 K0　C10 M58 Y74 K0
C27 M91 Y77 K0　C15 M24 Y62 K0

C18 M85 Y81 K3　C89 M57 Y29 K0
C9 M13 Y57 K0　C19 M26 Y29 K0

C0 M0 Y0 K0　C89 M77 Y44 K8
C15 M95 Y90 K0　C7 M36 Y94 K0

C0 M0 Y0 K0　C87 M67 Y36 K1
C20 M82 Y83 K0　C7 M34 Y72 K0

C0 M0 Y0 K0
C4 M27 Y89 K0
C39 M100 Y67 K2
C100 M93 Y11 K0

C87 M29 Y9 K0
C0 M0 Y0 K0
C25 M35 Y100 K0
C0 M0 Y0 K100
C46 M100 Y100 K20

C53 M31 Y22 K0
C1 M76 Y63 K0
C19 M25 Y29 K0
C29 M45 Y87 K0
C95 M75 Y30 K0

C0 M0 Y0 K0
C5 M20 Y89 K0
C5 M95 Y38 K0
C100 M92 Y20 K0

清新活泼

明度较高的蓝色清爽感十足，大面积运用在家居空间中，可以营造出令人放松的环境。再加入红色和黄色进行点缀，尽显活泼感。这样的配色既适合打造小清新的家居氛围，在儿童房中也同样适用。

C10 M1 Y4 K0
C6 M7 Y62 K0
C62 M11 Y12 K12
C28 M69 Y80 K0

C7 M5 Y7 K0
C35 M94 Y53 K0
C41 M17 Y16 K0
C18 M18 Y66 K0

C73 M45 Y23 K0
C26 M100 Y90 K1
C17 M14 Y15 K0
C5 M23 Y86 K0
C37 M36 Y39 K0

C39 M9 Y19 K0
C13 M22 Y61 K0
C10 M8 Y8 K0
C22 M86 Y84 K0

活泼舒适

当红黄蓝三色的饱和度均有所降低时，带来的视觉冲击有所缓解，但不会影响三原色搭配所具备的层次感的表达。这样的配色活泼中不乏高级感，视觉感也更加舒适，是都市年轻人所青睐的空间配色。

C0 M0 Y0 K0　C16 M76 Y77 K0
C26 M40 Y74 K0　C55 M30 Y33 K0

C0 M0 Y0 K0　C25 M22 Y25 K0　C42 M38 Y71 K0
C42 M82 Y71 K4　C79 M69 Y44 K4　C0 M0 Y0 K100

C0 M0 Y0 K0　C25 M34 Y73 K0　C42 M72 Y61 K2
C89 M85 Y39 K20　C0 M0 Y0 K100

C0 M0 Y0 K0　C36 M28 Y31 K0　C36 M54 Y55 K0
C20 M15 Y34 K0　C87 M79 Y56 K24

甜美温柔

当把三原色中的红色置换为粉色时，活力的氛围向甜美的风格转变。若将与之搭配的黄色与蓝色的色调往马卡龙色上靠近，则整个空间氛围变得美好而纯净，温柔而多情。

C0 M0 Y0 K0　C38 M47 Y57 K0　C74 M63 Y56 K11

C2 M18 Y85 K0　C27 M51 Y34 K0　C55 M3 Y24 K0

C0 M0 Y0 K0　C22 M16 Y16 K0　C63 M55 Y49 K1

C76 M41 Y50 K0　C43 M57 Y50 K0　C38 M52 Y96 K0

C0 M0 Y0 K0　C17 M19 Y27 K0　C31 M46 Y36 K0

C86 M60 Y64 K18　C33 M38 Y84 K0

玫红色自带时尚、妩媚的气质，可以明确地表达出具有女性特征的色彩印象。若采用高纯度的黄色点缀，可以活跃整体空间的氛围；再用少量蓝色压制过多暖色带来的浮躁，整体空间的配色节奏感很强。

C0 M0 Y0 K0
C26 M19 Y94 K0
C29 M96 Y84 K2
C76 M65 Y40 K2

C0 M0 Y0 K0
C0 M0 Y0 K100
C13 M9 Y89 K0
C32 M78 Y11 K0
C91 M57 Y20 K0

C0 M0 Y0 K0
C12 M96 Y8 K0
C16 M9 Y86 K0
C73 M14 Y19 K0

现代艺术

即使是极具活力的三原色搭配，当把色调调整为饱和度较低的浓色调时，整体空间的氛围随之变得沉稳。当三种色彩大面积出现在空间中，再结合一些现代图案，可以令家居环境充满艺术化的氛围。

C0 M0 Y0 K0　C14 M45 Y73 K11　C18 M83 Y81 K27
C67 M38 Y34 K28　C1 M22 Y70 K1

C0 M0 Y0 K0　C5 M30 Y68 K1　C0 M0 Y0 K100
C80 M49 Y30 K28　C12 M81 Y94 K24　C16 M29 Y76 K18

C14 M14 Y16 K0　C77 M56 Y40 K0
C18 M90 Y85 K23　C16 M23 Y73 K6

C85 M70 Y46 K8　C41 M28 Y22 K0　C16 M95 Y100 K3
C9 M12 Y93 K0　C99 M85 Y19 K2

C14 M14 Y16 K0
C48 M89 Y89 K17
C83 M69 Y37 K1
C12 M59 Y99 K5

C27 M22 Y21 K5
C66 M36 Y25 K12
C16 M84 Y73 K31
C66 M36 Y25 K12

C73 M69 Y34 K29
C8 M44 Y75 K3
C24 M59 Y47 K30

C0 M0 Y0 K0
C16 M29 Y76 K18
C12 M27 Y58 K9
C72 M46 Y32 K27
C18 M66 Y51 K31

现代经典

“红蓝格”取自蒙德里安的红黄蓝格子画系列，其色彩与线条的巧妙结合，为空间界面以及家具设计提供了灵感来源和比例支撑。在进行家居配色设计时，可以充分借鉴，能够事半功倍地打造经典家居，且现代感十足。

C0 M0 Y0 K0　C22 M30 Y34 K0　C39 M25 Y18 K0
C12 M52 Y96 K0　C18 M100 Y92 K0　C78 M50 Y0 K0

C0 M0 Y0 K0　C25 M24 Y22 K0　C15 M88 Y70 K0
C20 M14 Y76 K0　C95 M84 Y42 K7

C0 M0 Y0 K0　C54 M70 Y80 K16　C0 M0 Y0 K100
C56 M88 Y71 K29　C10 M8 Y81 K0　C100 M87 Y18 K4

C0 M0 Y0 K0　C7 M18 Y92 K2　C0 M0 Y0 K100
C4 M100 Y98 K7　C100 M78 Y5 K0

C0 M0 Y0 K0
C63 M65 Y71 K16
C29 M37 Y77 K0
C26 M91 Y83 K0
C01 M91 Y31 K1

C0 M0 Y0 K0
C40 M100 Y100 K12
C21 M51 Y100 K0
C98 M87 Y11 K0

C0 M0 Y0 K0
C0 M0 Y0 K100
C1 M95 Y85 K0
C99 M95 Y49 K4
C26 M22 Y76 K0

C0 M0 Y0 K0
C0 M0 Y0 K100
C100 M92 Y5 K0
C16 M33 Y87 K0
C18 M96 Y89 K0

柔和和谐

红黄绿三色搭配，相较于红黄蓝三原色搭配，色彩之间的对比柔和了许多。其中，红色与绿色作为互补色，可以加强空间配色的活跃度；黄色分别作为红色与绿色的同类色，将两种色彩进行有效衔接，使整体空间配色的和谐感更强。

C0 M0 Y0 K0　C41 M51 Y55 K1　C42 M81 Y100 K16
C24 M16 Y34 K0　C15 M28 Y88 K1　C16 M76 Y23 K0

C0 M0 Y0 K0　C29 M48 Y70 K0　C5 M15 Y80 K0
C84 M49 Y73 K4　C5 M15 Y17 K0

C0 M0 Y0 K0　C23 M18 Y18 K0　C55 M54 Y62 K3
C54 M40 Y74 K2　C20 M80 Y69 K0　C4 M5 Y51 K0

温暖田园

以暖色调中的红色或黄色，作为空间中的背景色或主角色，空间的温暖感更加强烈。再局部用绿色进行点缀，可以为家居环境注入一线生机，令人仿佛置身于夏日的田园。

C6 M9 Y13 K0　C38 M86 Y90 K57
C89 M33 Y98 K32　C31 M20 Y91 K7

C23 M39 Y60 K0　C42 M97 Y83 K21
C64 M49 Y93 K22　C0 M0 Y0 K0

C9 M40 Y82 K0　C48 M59 Y67 K2
C66 M48 Y60 K2　C15 M92 Y87 K0

C7 M86 Y60 K3　C6 M20 Y62 K0　C58 M39 Y79 K36
C0 M0 Y0 K100　C35 M30 Y35 K12

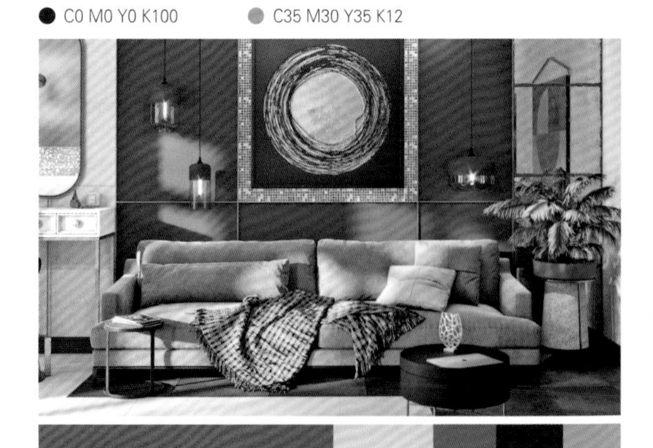

温纯活跃

当大面积的褐色充斥于空间中时，可以营造出质朴、温纯的室内环境。再用适量的黄色进行点缀，同类色之间的搭配协调感更高。而红色与绿色的出现，打破了原本平稳的空间，令人眼前一亮，跳跃感十足。

C29 M52 Y70 K0　C31 M92 Y38 K5　C7 M9 Y82 K0
C79 M19 Y71 K0　C0 M0 Y0 K100　C0 M0 Y0 K0

C0 M0 Y0 K0　C46 M62 Y85 K4　C52 M87 Y94 K32
C15 M28 Y54 K0　C52 M10 Y26 K0

C49 M82 Y100 K16　C4 M30 Y71 K0　C84 M63 Y72 K28
C93 M86 Y65 K47　C47 M100 Y100 K21

生机活力

以绿色系作为墙面背景色，勾勒出一派祥和的景象。而跳动的红色与黄色的加入，仿若是一群顽皮的孩童，将原本平静的空间打破，平添一分生动与活力，大胆直观地展现着“初生牛犊不怕虎”的张扬个性。

C42 M16 Y27 K2　C21 M96 Y93 K22　C25 M66 Y90 K28
C21 M22 Y96 K11　C15 M42 Y14 K0

C76 M32 Y37 K14　C21 M15 Y15 K0　C44 M67 Y76 K4
C0 M0 Y0 K100　C9 M25 Y51 K0　C38 M91 Y86 K3

C60 M23 Y44 K8　C26 M23 Y22 K0
C13 M15 Y82 K4　C11 M92 Y95 K18

冷静舒适

具有生机的绿色与清透的蓝色搭配时，同类型配色可以塑造出冷静的空间氛围。若加入少量红色进行点缀，则为原本清冷的空间注入了一丝暖意，使整个居室变得更加舒适、宜居。

C0 M0 Y0 K0　C25 M18 Y16 K0　C65 M52 Y81 K10
C95 M77 Y66 K41　C52 M87 Y67 K18

C0 M0 Y0 K0　C51 M58 Y67 K28　C43 M17 Y69 K0
C74 M29 Y9 K0　C12 M91 Y38 K0

C18 M13 Y16 K0　C71 M0 Y38 K0　C86 M30 Y94 K33
C9 M99 Y94 K20　C96 M92 Y27 K23

灵活多变

当浊色调蓝色作为背景色时，为家居空间带来了清爽又不失高级感的氛围。红绿两色作为搭配色出现，为空间增加了活跃度。若将浊色调的绿色作为背景色，红蓝两色作为搭配色出现时，整个空间氛围显得更加理性、严谨。

C72 M50 Y47 K2　C41 M29 Y32 K1　C62 M42 Y19 K0
C33 M56 Y60 K6　C18 M11 Y8 K0

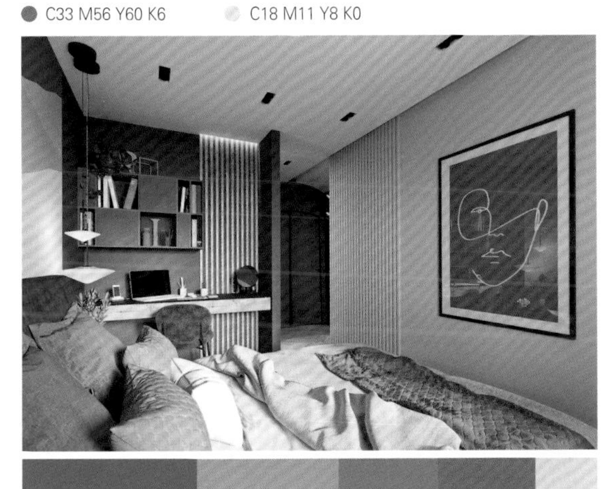

C81 M63 Y67 K18　C89 M78 Y45 K9　C25 M55 Y59 K0
C44 M34 Y34 K0　C32 M36 Y38 K0

C0 M0 Y0 K0　C11 M29 Y40 K4　C78 M6 Y19 K14
C71 M13 Y35 K9　C32 M70 Y56 K57

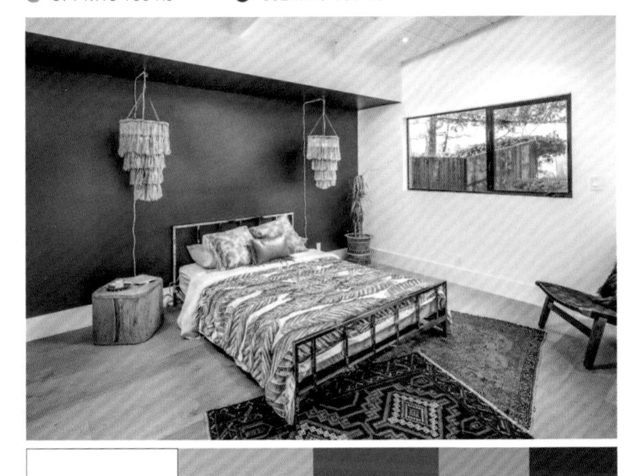

C0 M0 Y0 K0　C35 M34 Y40 K0　C76 M60 Y39 K3
C64 M37 Y20 K0　C53 M76 Y68 K16　C83 M53 Y100 K23

沉静别致

红、绿、蓝三色搭配，空间的冷静氛围更加突出，这来源于浊色调的绿色与蓝色均带有让人的身心安静下来的力量。浊色调红色的出现可以调剂空间的冷硬感，且与其他两色在色调上形成统一，使整体空间的配色更加和谐。

C12 M9 Y8 K0
C13 M94 Y96 K25
C79 M63 Y23 K24
C62 M49 Y79 K71

C44 M22 Y38 K6
C20 M61 Y45 K17
C34 M16 Y16 K0
C95 M76 Y42 K51

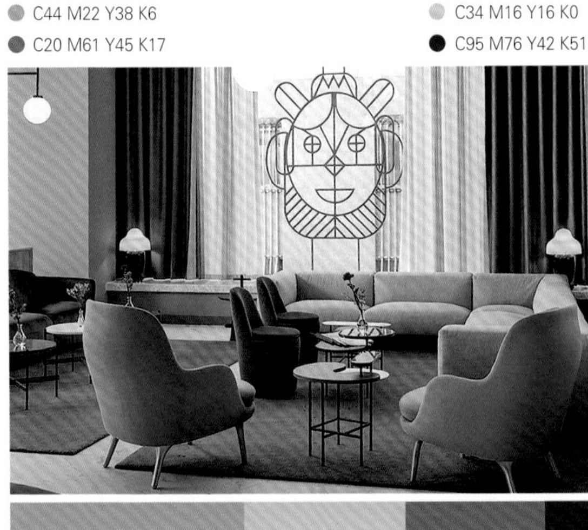

C0 M0 Y0 K0
C14 M86 Y89 K21
C82 M74 Y46 K71
C77 M24 Y51 K13

C12 M37 Y29 K3　C61 M20 Y38 K8　C82 M66 Y24 K16
C29 M19 Y19 K2　C11 M23 Y53 K2　C53 M44 Y38 K39

C29 M12 Y20 K2　C9 M58 Y49 K8　C66 M23 Y82 K29
C79 M75 Y40 K67　C53 M44 Y38 K39　C8 M15 Y34 K2

C14 M10 Y9 K0　C40 M80 Y74 K5
C55 M26 Y38 K0　C57 M34 Y21 K0

C29 M58 Y59 K0　C22 M34 Y21 K0
C87 M47 Y76 K11　C92 M85 Y72 K54

舒展艺术

暗色调的蓝色充满了沉默而理智的疏离感，在室内大面积使用可以打造出成熟、冷静的氛围。但酒红色与墨绿色的加入，令原本有些冷峻的空间变得舒展开来，浓郁色调之间的碰撞，将空间的艺术感无限放大，观之忘俗。

C0 M0 Y0 K0　C74 M60 Y27 K32　C37 M43 Y53 K0
C19 M85 Y72 K44　C83 M63 Y100 K45

C67 M57 Y34 K24　C49 M24 Y32 K9　C30 M52 Y72 K42
C38 M26 Y15 K4　C18 M67 Y47 K15

C10 M11 Y15 K0　C18 M25 Y45 K6　C70 M40 Y29 K22
C54 M49 Y45 K55　C24 M67 Y57 K23　C49 M33 Y52 K29

C27 M22 Y19 K0　C98 M92 Y20 K9　C39 M66 Y56 K55
C49 M95 Y14 K5　C72 M32 Y76 K30

神秘幽深

无论是孔雀蓝还是孔雀绿，均是具有神秘气息的色彩。当这两种颜色同时出现在家居中，整个空间仿佛化身为一片幽深的海底，令人沉醉。而像是不经意出现的那一抹红色，则如海底摇曳的珊瑚，只可远观，不可亵玩。

C66 M18 Y52 K3　C44 M46 Y52 K0　C14 M53 Y34 K9
C14 M85 Y71 K28　C91 M68 Y71 K39

C32 M5 Y18 K0　C35 M36 Y27 K0　C57 M86 Y76 K34
C49 M52 Y63 K1　C76 M35 Y49 K41

C19 M12 Y13 K0　C42 M69 Y54 K0　C45 M89 Y77 K9
C46 M12 Y29 K0　C63 M22 Y27 K0　C37 M40 Y48 K0

C72 M36 Y50 K47　C19 M47 Y29 K18
C14 M16 Y14 K2　C23 M4 Y13 K0

温柔动人

柔美的粉色出现在空间中时，即使小面积运用，也能将梦幻与纯真盈满一室。辅以优雅的蓝色与清新的绿色，整个空间温柔得像一首流淌的十四行诗，沁人心脾，又摄人心魄。

C20 M15 Y14 K0　C20 M25 Y17 K0
C72 M40 Y91 K9　C77 M51 Y42 K31

C0 M0 Y0 K0　C27 M20 Y26 K0　C75 M53 Y40 K1
C40 M54 Y44 K0　C89 M69 Y63 K26

C0 M0 Y0 K0　C32 M30 Y32 K0　C0 M0 Y0 K100
C72 M56 Y81 K20　C80 M39 Y43 K0　C18 M25 Y21 K0

艺术时尚

色彩之间的扩张有浓淡，也有规律，优秀的配色并不是一个明度，一成不变的，而是灵活渐变，或浓或淡，皆成美感。轻柔的粉色糅合着缥缈的蓝色与清透的绿色，色彩之间的明度调和，给人一种通透、清新之感，同时兼具艺术、时尚氛围。

C23 M41 Y27 K0　C92 M27 Y66 K0
C73 M55 Y29 K0　C58 M76 Y84 K32

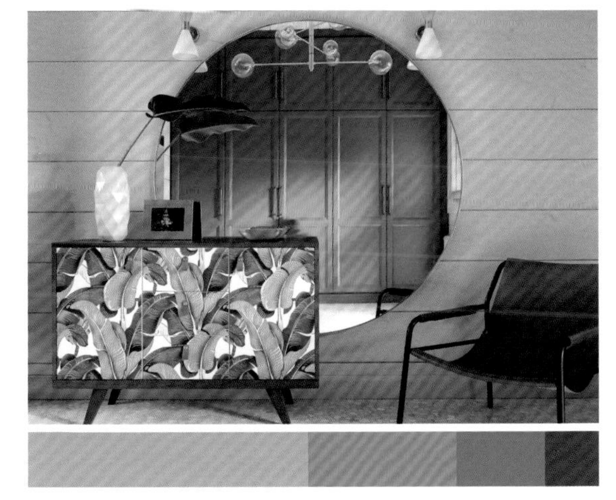

C19 M42 Y30 K0　C40 M0 Y29 K0
C14 M13 Y15 K0　C43 M14 Y20 K0

C26 M47 Y42 K0　C82 M36 Y67 K0
C28 M30 Y31 K0　C31 M3 Y9 K0

C78 M26 Y48 K0　C58 M2 Y33 K0
C12 M43 Y96 K0　C0 M0 Y0 K100

明艳个性

红色与绿色的鲜明撞色，赋予空间强烈的个性。在这样激烈的氛围之下，将明艳的紫色加入，强烈的视觉冲击变得更加深邃。虽然冲击效果相对减弱，但多了不同的韵味，令空间充满了张力。

C66 M76 Y43 K3　C54 M48 Y78 K2　C58 M82 Y85 K37
C24 M20 Y15 K0　C71 M58 Y55 K6　C50 M100 Y100 K29

C83 M98 Y23 K25　C8 M97 Y100 K0
C80 M15 Y72 K9

C93 M65 Y40 K1　C75 M94 Y49 K18　C9 M87 Y76 K0
C68 M35 Y97 K2　C12 M31 Y82 K0　C50 M100 Y100 K29

灵动多变

紫色往往带有一种疏离感，但与红色搭配时，同类型的配色方式可以将空间的情愫加以层次化展现。再加入与红色成冲突型的蓝色，可以使空间看起来变化多端。由于色彩之间既有对比，又有调和，因此不会打破空间配色的平衡。

C0 M0 Y0 K0　C24 M33 Y48 K0　C35 M54 Y27 K0
C80 M64 Y26 K0　C4 M76 Y77 K0

C0 M0 Y0 K0　C38 M48 Y63 K0　C31 M88 Y72 K0
C92 M82 Y67 K50　C69 M80 Y59 K25

C17 M21 Y24 K0　C0 M0 Y0 K0　C0 M0 Y0 K100
C62 M91 Y17 K0　C75 M45 Y26 K0　C47 M100 Y97 K18

C0 M0 Y0 K0　C18 M12 Y3 K0　C90 M72 Y24 K18
C93 M100 Y51 K21　C43 M96 Y94 K14

温馨自然

蓝色与绿色的搭配，总能给人带来清透之感。若在其中加入跳跃的黄色作为点缀，仿若一束暖阳照射在幽深的原野，令人感受静谧的同时，也能享受绵绵的暖意。这样的家居环境，温馨而自然。

C27 M22 Y31 K0　C58 M56 Y60 K10　C42 M47 Y10 K3
C88 M50 Y78 K13　C2 M30 Y80 K0

C0 M0 Y0 K0　C97 M97 Y20 K0　C88 M52 Y85 K17
C27 M23 Y25 K0　C71 M58 Y60 K14　C30 M25 Y97 K0

C0 M0 Y0 K0　C96 M88 Y27 K0
C58 M14 Y32 K0　C21 M24 Y79 K0

生机诗意

舒缓、沉静的浊色调绿色，将生机感留存在内里，而不外露。将其大面积作为空间背景色，创造出一种宁静、诗意的氛围。黄色与蓝色的撞色搭配，在这样的空间中作为点缀色出现，让空间配色层次更加丰富。

C49 M21 Y47 K4
C41 M33 Y29 K0
C80 M77 Y82 K62
C16 M48 Y48 K3

C23 M7 Y15 K0
C94 M83 Y57 K28
C52 M53 Y61 K16
C30 M41 Y97 K0

C59 M33 Y48 K0
C76 M27 Y26 K0
C46 M35 Y34 K0
C23 M14 Y68 K0
C0 M0 Y0 K100

温柔治愈

浊色调总能给人带来高级感，这种降低了饱和度的色彩刺激性减弱，带来了治愈的气息。即使将粉色、黄色、绿色和蓝色四种色彩，同时运用到空间中，也具备着温柔的视感。

C0 M0 Y0 K0
C80 M70 Y62 K25
C43 M41 Y46 K0
C37 M32 Y82 K0
C31 M55 Y29 K0
C82 M49 Y68 K3

C0 M0 Y0 K0
C21 M34 Y66 K0
C9 M6 Y6 K0
C9 M13 Y3 K0
C36 M7 Y18 K0
C60 M45 Y34 K0

质感艺术

当浓色调的红、黄、蓝、绿四色，同时出现在家居中时，开放、活泼的配色特征依然存在。但由于色彩明度和纯度的降低，空间氛围变得更有质感，也能呈现出艺术化气息。

C94 M66 Y24 K29　C63 M39 Y39 K1　C68 M72 Y58 K18
C30 M96 Y49 K36　C9 M26 Y67 K0　C43 M32 Y80 K0

C0 M0 Y0 K0　C69 M75 Y72 K39　C89 M83 Y47 K12
C60 M67 Y55 K5　C34 M43 Y76 K0　C92 M63 Y74 K34

C0 M0 Y0 K0　C54 M75 Y89 K24　C91 M77 Y58 K28
C1 M78 Y31 K0　C23 M63 Y81 K0　C72 M48 Y99 K11

醒目开放

红、黄、蓝、绿作为四角型配色，营造出醒目、开放的空间氛围。若将其大面积运用到空间中，整体居室氛围更具视觉冲击；若作为空间中的点缀色出现，则能够使原木平淡的居室变得更有活力。

● C40 M100 Y100 K31　● C9 M24 Y88 K0　● C74 M30 Y72 K3
● C82 M60 Y36 K2　● C13 M12 Y8 K0

○ C0 M0 Y0 K0　● C38 M68 Y83 K0　● C12 M30 Y85 K0
● C91 M62 Y32 K0　● C28 M100 Y96 K0　● C90 M44 Y85 K4

○ C0 M0 Y0 K0　● C22 M23 Y100 K0　● C65 M69 Y100 K38
● C21 M85 Y100 K0　● C78 M11 Y22 K0　● C35 M2 Y64 K0

○ C0 M0 Y0 K0　● C11 M7 Y36 K0　● C34 M100 Y100 K11
● C52 M1 Y17 K0　● C32 M9 Y77 K0

C36 M30 Y42 K16　C52 M35 Y20 K0　C82 M38 Y30 K0
C8 M24 Y92 K0　C5 M97 Y96 K0　C81 M17 Y99 K5

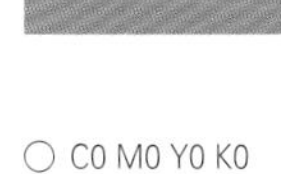

C1 M23 Y24 K0　C27 M89 Y93 K6　C23 M43 Y94 K0
C46 M28 Y22 K0　C59 M36 Y50 K0

C0 M0 Y0 K0　C20 M40 Y45 K0　C74 M68 Y55 K13
C16 M18 Y62 K0　C75 M16 Y32 K0　C23 M80 Y98 K0

C0 M0 Y0 K0　C86 M35 Y52 K0　C1 M75 Y52 K0
C67 M38 Y98 K1　C15 M15 Y49 K0

明艳绚烂

当玫粉色与亮黄色同时出现在家居中时，来自于女性色彩带来的魅惑气息展露无遗。再用优雅、神秘的孔雀蓝和繁茂、葱郁的深林绿来搭配使用，整个空间呈现出明艳、绚烂的氛围。

C17 M6 Y5 K0　C26 M38 Y48 K0　C84 M42 Y34 K0
C12 M93 Y74 K0　C12 M90 Y20 K0　C16 M43 Y94 K0

C0 M0 Y0 K0　C83 M80 Y64 K42　C8 M7 Y84 K0
C9 M74 Y20 K0　C84 M42 Y39 K0　C76 M60 Y74 K24

C0 M0 Y0 K0　C7 M11 Y87 K0　C11 M89 Y11 K0
C85 M49 Y32 K0　C61 M22 Y81 K0　C75 M76 Y7 K0

缤纷童趣

营造儿童房适合运用比较鲜艳的颜色，如红色、绿色、蓝色等色调比较鲜明的色彩。这样缤纷的多彩色组台，可以塑造出充满活力的空间氛围，并能够让孩子在空间中感受到色彩的魅力。

C25 M8 Y11 K0　C74 M17 Y19 K0　C15 M81 Y71 K0
C1 M45 Y71 K0　C5 M80 Y12 K0　C67 M36 Y71 K7

C0 M0 Y0 K0　C25 M45 Y56 K0　C34 M3 Y5 K0
C43 M85 Y60 K3　C11 M26 Y84 K0　C58 M40 Y82 K6

C0 M0 Y0 K0　C34 M48 Y92 K0　C16 M89 Y100 K0
C46 M97 Y54 K18　C13 M69 Y98 K0　C62 M50 Y78 K9

C0 M0 Y0 K0　C17 M34 Y47 K0　C16 M24 Y60 K0
C58 M23 Y6 K0　C45 M90 Y56 K3　C45 M9 Y76 K0

趣味轻松

将红、蓝、黄、绿、紫这些缤纷的色彩呈现在家居中，带来了无限的活力与生机。可以采用小面积、分散式的设计手法，在一派净白的空间中显得格外夺人眼目。这样的色彩搭配，可以塑造出一个充斥着趣味与轻松的居家环境。

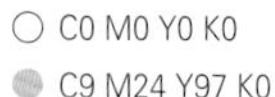

C0 M0 Y0 K0　C97 M56 Y11 K1　C23 M100 Y100 K0
C9 M24 Y97 K0　C99 M36 Y100 K3　C63 M83 Y11 K1

C0 M0 Y0 K0　C9 M18 Y84 K0　C12 M82 Y71 K0
C77 M40 Y99 K3　C84 M80 Y25 K0　C74 M11 Y28 K0

C0 M0 Y0 K0　C67 M29 Y81 K0　C28 M100 Y95 K2
C3 M47 Y92 K0　C83 M45 Y52 K1　C78 M92 Y2 K0

C0 M0 Y0 K0
C4 M71 Y92 K0
C89 M65 Y0 K0
C46 M1 Y65 K0
C45 M65 Y54 K1
C38 M56 Y86 K3

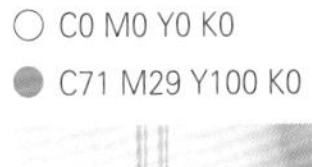

C15 M13 Y21 K0
C26 M62 Y51 K0
C63 M82 Y90 K54
C50 M46 Y90 K1
C69 M16 Y21 K0
C13 M57 Y80 K0

C0 M0 Y0 K0
C71 M29 Y100 K0
C54 M27 Y29 K0
C25 M95 Y100 K0
C23 M32 Y83 K0
C71 M100 Y50 K13

C0 M0 Y0 K0
C6 M15 Y76 K1
C22 M100 Y100 K28
C8 M83 Y100 K2
C72 M41 Y15 K2
C39 M2 Y83 K0

悠然宜居

将明度略高的蓝色盛放在家居中的墙面时，可以呈现出清雅、悠然的空间氛围。与褐色搭配可以彰显质朴、稳定、宜居的基调；再点缀上几笔或冷或暖的色彩，空间则多了几许灵动。

C20 M15 Y14 K0　C43 M33 Y29 K0　C18 M27 Y36 K0
C67 M34 Y21 K0　C63 M90 Y47 K16

C60 M15 Y16 K0　C23 M69 Y91 K0　C45 M87 Y79 K7
C29 M58 Y2 K0　C0 M45 Y72 K0

C0 M0 Y0 K0　C32 M22 Y13 K0　C38 M58 Y69 K1
C98 M74 Y57 K20　C72 M34 Y56 K0　C6 M12 Y50 K0

艺术趣味

以暗浊色调作为空间的主色，为居室呈现出理性与内敛的特质。若将三到四种暗浊色以色块的形式表现在空间中，并以不规则的形状体现，则为空间注入了艺术化与趣味化的表达。

C0 M0 Y0 K0　C58 M36 Y26 K18　C32 M24 Y22 K9
C43 M30 Y28 K17　C17 M37 Y48 K14　C21 M45 Y24 K8

C0 M0 Y0 K0　C56 M25 Y23 K10　C24 M63 Y85 K39
C9 M85 Y96 K5　C17 M51 Y89 K14

C29 M18 Y16 K1　C47 M35 Y27 K12　C17 M80 Y65 K20
C63 M51 Y53 K49　C10 M50 Y69 K3　C83 M79 Y23 K9

都市热情

低调的黑色，热情的红色，纯净的白色，高级的灰色，四种不同视觉感受的色彩融合在一起，形成了现代都市化的配色效果。在搭配时，以黑色或灰色作为空间主色，可以奠定平稳的氛围，再加入红色辅助，增添了热烈情绪。

- C59 M60 Y56 K3
- C29 M87 Y82 K0
- C0 M0 Y0 K0
- C78 M76 Y77 K55

- C0 M0 Y0 K0
- C81 M76 Y82 K60
- C58 M53 Y56 K1
- C29 M73 Y54 K0

- C0 M0 Y0 K0
- C20 M82 Y74 K25
- C80 M74 Y72 K47
- C64 M58 Y50 K2

- C0 M0 Y0 K0
- C73 M65 Y63 K20
- C46 M92 Y79 K14
- C0 M0 Y0 K100
- C39 M50 Y58 K0

C14 M12 Y15 K0
C0 M0 Y0 K100
C59 M57 Y62 K4
C54 M86 Y98 K33

C0 M0 Y0 K0
C20 M72 Y62 K25
C0 M0 Y0 K100
C36 M53 Y55 K48

C0 M0 Y0 K0
C42 M88 Y88 K7
C30 M58 Y40 K0
C58 M60 Y52 K67

C0 M0 Y0 K0
C0 M0 Y0 K100
C36 M50 Y50 K0
C43 M98 Y99 K23

时尚冷艳

以灰色或白色为主色调，红色作为辅助色点亮空间，打造出现代、时尚又冷艳的居家氛围。红色带来的是热情与炙热，灰色代表的则是成熟与优雅。色彩之间的混搭，展现出一番别具风情的空间味道。

C0 M0 Y0 K0
C36 M98 Y83 K63
C27 M22 Y24 K0
C0 M0 Y0 K100

C0 M0 Y0 K0
C31 M24 Y25 K5
C52 M44 Y44 K38
C30 M86 Y69 K54

C17 M14 Y18 K0
C69 M62 Y63 K14
C37 M31 Y32 K0
C65 M83 Y75 K45

C16 M12 Y16 K0
C17 M72 Y53 K31
C44 M37 Y37 K0
C0 M0 Y0 K100

现代质朴

白色与褐色的搭配，让质朴和自然的氛围在空间中展开。加入冷静、理智的灰色调，可以增添几分现代感。若再用少量的红色系来点缀，在视感上营造出悦动的感官体验，居家生活的时代趣味倾泻而出。

○ C0 M0 Y0 K0　● C24 M18 Y19 K0　● C56 M60 Y62 K4
● C21 M40 Y43 K0　● C49 M89 Y85 K18

○ C0 M0 Y0 K0　● C50 M60 Y69 K5　● C14 M18 Y22 K0
● C74 M67 Y68 K27　● C48 M90 Y84 K20

○ C0 M0 Y0 K0　● C18 M31 Y40 K0
● C12 M76 Y38 K0

○ C0 M0 Y0 K0　● C45 M36 Y35 K0
● C38 M52 Y62 K0　● C51 M90 Y79 K24

低调精致

黄色自带温暖的基调，即使原本沉闷的黑色，与黄色搭配后，色彩之中沉稳的气质被削弱，展示出低调的精致气息。而这一切，在大面积白色的背景之下，得以淋漓尽致地展现。

C0 M0 Y0 K0　C22 M41 Y89 K0　C0 M0 Y0 K100

C0 M0 Y0 K0　C0 M0 Y0 K100　C22 M40 Y70 K0

C0 M0 Y0 K0　C0 M0 Y0 K100　C15 M18 Y84 K2

C0 M0 Y0 K0　C0 M0 Y0 K100　C35 M50 Y76 K0　C9 M14 Y89 K0

C0 M0 Y0 K0
C23 M33 Y42 K15
C0 M0 Y0 K0
C14 M23 Y68 K3

C0 M0 Y0 K0
C19 M50 Y77 K11
C27 M44 Y48 K24
C0 M0 Y0 K100

C0 M0 Y0 K0
C82 M77 Y71 K49
C64 M64 Y66 K14
C28 M22 Y89 K0

C0 M0 Y0 K0
C0 M0 Y0 K100
C25 M22 Y82 K5
C39 M32 Y26 K7

潮流个性

大面积白色可以给人带来干净的视觉感受，但也容易显得平淡。但橙色和黑色的搭配出现，打破了原本沉寂的空间，色彩之间的对撞，激发出强烈的视觉冲击，让潮流与个性流动在空间之中。

C0 M0 Y0 K0　C27 M25 Y26 K0　C18 M45 Y59 K0
C73 M68 Y74 K44　C65 M43 Y69 K6

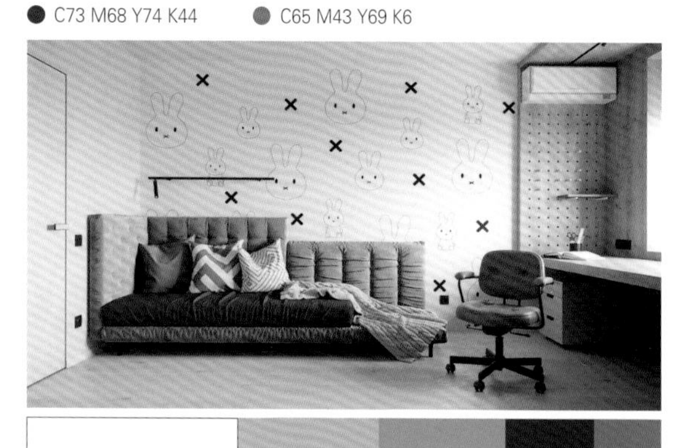

C0 M0 Y0 K0　C52 M42 Y44 K0
C0 M0 Y0 K100　C17 M69 Y72 K12

C0 M0 Y0 K0　C57 M52 Y56 K71
C41 M38 Y37 K0　C17 M45 Y54 K8

C0 M0 Y0 K0　C29 M27 Y36 K0
C39 M80 Y100 K15　C0 M0 Y0 K100

简洁生机

白色作为背景色，使整个空间的配色简洁、明了。黑色穿梭在其中，平衡了大面积素白空间产生的单调感。再将温和的褐色系铺陈到地面或家具之中，与整体基调形成微小的层次落差。而深深浅浅的绿色用作点缀色，点染出一派生机勃勃的景象。

○ C0 M0 Y0 K0
● C78 M73 Y70 K41
● C26 M45 Y68 K0
● C77 M47 Y83 K19

○ C0 M0 Y0 K0
● C80 M77 Y68 K41
● C19 M36 Y51 K0
● C59 M27 Y85 K0

○ C0 M0 Y0 K0
● C42 M63 Y69 K0
● C0 M0 Y0 K100
● C65 M32 Y100 K0

○ C0 M0 Y0 K0
● C36 M40 Y40 K0
● C0 M0 Y0 K100
● C73 M43 Y71 K2

洁净舒适

当白色大面积运用到空间设计中，其洁净的色彩属性，可以塑造出干净的氛围基调。冷色调中的蓝色与白色的洁净特质吻合度较高，两者搭配最能展现通透的视觉效果。若觉得空间配色过于清冷，可以加入褐色系来平衡，以增添空间的舒适度与温暖感。

C0 M0 Y0 K0
C67 M64 Y63 K0
C31 M52 Y67 K0
C59 M21 Y27 K0

C0 M0 Y0 K0
C92 M58 Y76 K27
C50 M74 Y96 K16
C80 M30 Y28 K0
C76 M14 Y43 K0

C0 M0 Y0 K0
C89 M86 Y66 K41
C38 M38 Y38 K0
C36 M61 Y62 K0

C0 M0 Y0 K0
C90 M62 Y39 K3
C20 M15 Y15 K0
C64 M45 Y63 K2
C46 M57 Y71 K3

○ C0 M0 Y0 K0
● C22 M25 Y26 K0
● C25 M20 Y16 K0
● C90 M76 Y52 K18

○ C0 M0 Y0 K0
● C25 M15 Y14 K1
● C29 M28 Y31 K0
● C93 M77 Y61 K33

○ C9 M5 Y6 K0
● C57 M67 Y76 K15
● C42 M45 Y47 K0
● C83 M71 Y53 K18

○ C0 M0 Y0 K0
● C88 M67 Y49 K11
● C33 M59 Y72 K0

文艺清美

以白色做主色，可以突出其他配色的质感。粉色带着温柔与优雅的气息，呈现出绝美的气度与质感；当那一抹清脆的绿出现在空间之中，令人在一呼一吸间，感受到满满的文艺小资情调。在这样的空间中，即使出现其他色彩，也令人目之所及处处皆是美满。

C0 M0 Y0 K0　C75 M76 Y68 K43　C50 M38 Y11 K0　C26 M49 Y36 K0　C83 M53 Y100 K22

C0 M0 Y0 K0　C72 M65 Y55 K11　C19 M39 Y62 K0　C12 M24 Y16 K0　C83 M53 Y100 K22

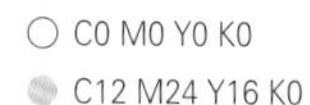

C0 M0 Y0 K0　C12 M9 Y7 K0　C11 M14 Y20 K0　C14 M26 Y12 K0　C71 M43 Y99 K4

C0 M0 Y0 K0　C21 M21 Y23 K0　C70 M62 Y56 K14　C14 M33 Y41 K0　C35 M7 Y18 K0　C3 M57 Y36 K0

安静治愈

带有大量灰调的莫兰迪色，给人带来的是轻柔、高级的质感。当净白的空间中毫无征兆地跳跃出柔和、浅淡的燕麦色，安静与从容的气息盈满了整个室内空间。若再搭配几笔降低了饱和度的橙黄色，则空间氛围显得更加治愈。

C0 M0 Y0 K0　C14 M15 Y21 K0
C33 M42 Y60 K0　C46 M80 Y93 K11

C0 M0 Y0 K0　C20 M17 Y20 K0
C27 M28 Y39 K0　C19 M63 Y72 K0

C0 M0 Y0 K0　C17 M15 Y21 K0
C12 M33 Y46 K0　C18 M13 Y52 K0

C0 M0 Y0 K0　C23 M25 Y36 K0
C74 M47 Y61 K2　C38 M56 Y70 K0

温柔静谧

以高级灰和加入了灰调的粉色，作为空间的主色调，可以营造出温柔且静谧的空间环境。为了避免空间色调过于浅淡带来的不稳定感，可以适量加入黑色来调剂。

C14 M13 Y16 K0　C38 M31 Y33 K12　C16 M29 Y25 K3
C18 M62 Y51 K10　C14 M22 Y44 K0

C8 M8 Y11 K0　C61 M70 Y75 K25
C19 M32 Y29 K0　C0 M0 Y0 K100

C18 M40 Y31 K10　C54 M49 Y59 K52
C31 M22 Y19 K5　C37 M67 Y50 K25

C0 M0 Y0 K0　C29 M25 Y26 K0
C47 M45 Y35 K0　C34 M80 Y90 K14

温柔治愈

带有灰调的褐色，将高级与温润完美融合，在居室中运用可以带来治愈的气息。若地面采用同色系的暖褐色，则空间的温馨感大幅提升，再用少量的橙粉色进行装点，增添了淡淡的温柔气息，像是无声的触摸，不抢眼却又充斥着暖意。

C17 M16 Y19 K0　C23 M24 Y40 K0　C49 M46 Y52 K0　C19 M48 Y37 K0　C66 M35 Y52 K0

C22 M15 Y20 K0　C36 M54 Y72 K0　C36 M43 Y55 K0　C13 M40 Y43 K0　C81 M54 Y100 K22

悠闲舒适

当清冷、雅致的灰色与明朗、轻柔的黄色交织在一起，属性不同的两种色彩进行碰撞，整个空间显得富有张力。同时，加入白色或褐色进行色彩之间的过渡与衔接，这种收放自如的配色组合，既不高冷，也不张扬，随光线的变化令人沉醉其中。

C0 M0 Y0 K0
C38 M33 Y27 K0
C27 M23 Y25 K0
C20 M14 Y74 K0

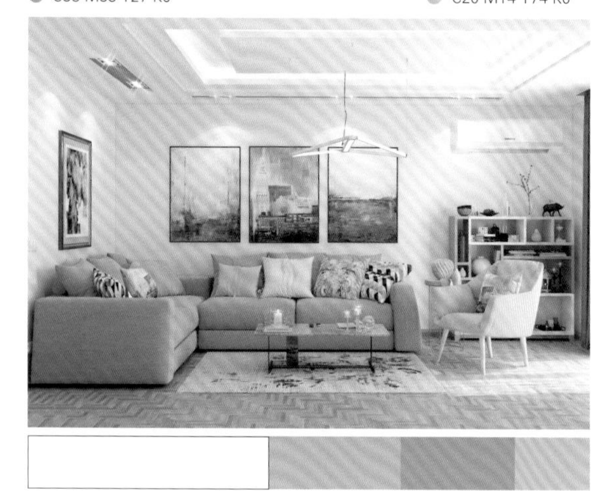

C0 M0 Y0 K0
C34 M27 Y27 K0
C29 M29 Y34 K0
C24 M32 Y80 K0
C56 M72 Y76 K19

C34 M29 Y36 K0
C13 M21 Y91 K0
C0 M0 Y0 K0
C0 M0 Y0 K100

C22 M17 Y24 K0
C42 M34 Y25 K0
C31 M32 Y60 K0
C3 M79 Y89 K0

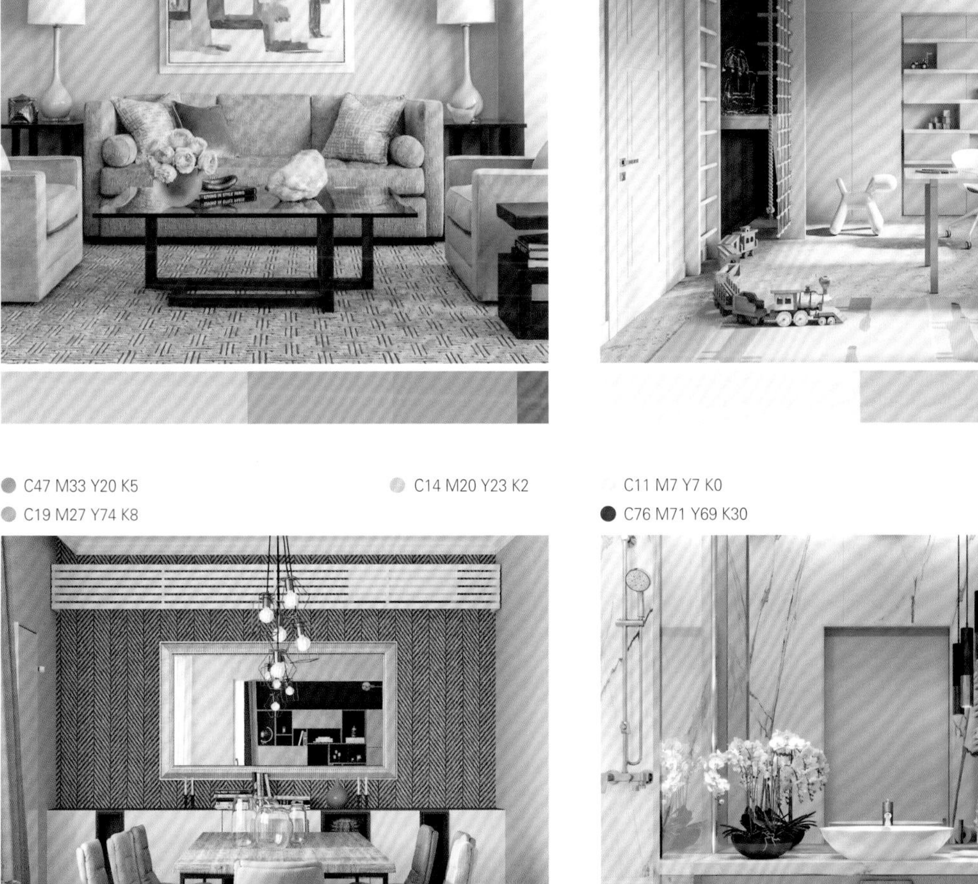

C8 M6 Y5 K0
C13 M20 Y74 K0
C22 M18 Y20 K0
C0 M0 Y0 K100

C47 M33 Y20 K5
C19 M27 Y74 K8
C14 M20 Y23 K2

C11 M7 Y7 K0
C76 M71 Y69 K30
C5 M11 Y17 K0
C29 M43 Y74 K0

都市生机

灰色为主的室内配色降低了空间温度，充分演绎出都市气息，但容易造成人工、刻板的印象。不妨采用红色和绿色进行色彩点缀，撞色带来的视觉感染力，大大提升了空间的辨识度，令人觉得更具生机。

C25 M17 Y17 K0
C82 M72 Y60 K27
C23 M63 Y49 K0
C0 M0 Y0 K0

C12 M8 Y9 K0
C74 M51 Y98 K26
C24 M73 Y63 K0
C0 M0 Y0 K100

C57 M44 Y40 K0
C74 M36 Y82 K1
C16 M34 Y53 K0
C83 M69 Y43 K9
C12 M81 Y100 K0

C43 M32 Y31 K1
C24 M74 Y60 K0
C69 M50 Y80 K9

高级活力

明度居中的灰色显示出桀骜不驯、遗世独立的气质，可以令空间显得更加深邃，增添空旷而又辽远的意境。搭配白色，清新脱俗；兼容木色，自然温润；再来点黄色和蓝色的撞色点缀，高级，深邃的色调中透出无限活力。

C0 M0 Y0 K0　C38 M27 Y19 K5　C34 M36 Y42 K30
C12 M26 Y86 K3　C85 M62 Y24 K13

C28 M19 Y16 K0　C17 M21 Y24 K0
C93 M73 Y8 K0　C3 M24 Y94 K0

理性别致

色调略深的灰色作为大面积的背景色，给空间奠定了理性的基调。当蓝色或绿色与之搭配时，打破了原本沉寂的空间，让清透与生机在空间中蔓延开来。再添加几笔跳跃的黄色，松弛有度的配色之间，展现出与众不同的格调。

C20 M14 Y19 K0
C26 M23 Y56 K12
C87 M38 Y59 K54
C23 M99 Y29 K22

C28 M22 Y22 K7
C9 M24 Y89 K3
C40 M29 Y24 K13
C66 M22 Y86 K26
C62 M25 Y24 K12

C26 M17 Y22 K3
C18 M11 Y63 K2
C30 M38 Y51 K25
C69 M22 Y38 K8
C70 M28 Y73 K18

C45 M33 Y36 K0
C50 M29 Y51 K0
C67 M55 Y56 K5
C53 M63 Y91 K11

潮流惊艳

热爱艺术、不甘流俗的人，可以用深沉、内敛的黑色作为主色，打造出静穆的空间。再加入鲜艳的红色或玫红色，带来对于潮流的完美诠释。其间穿插的亮黄色，将空间的戏剧化风情点染到极致。红黄两色无需过多，只需一点儿就足够惊艳。

C14 M20 Y23 K0　C75 M77 Y78 K55　C11 M68 Y50 K3

C15 M47 Y60 K0　C5 M8 Y61 K0

C51 M38 Y43 K34　C0 M87 Y9 K0

C19 M29 Y83 K10

C61 M60 Y45 K43　C9 M33 Y60 K1

C9 M94 Y82 K9　C11 M3 Y45 K0

C67 M63 Y69 K18　C24 M38 Y52 K0

C22 M33 Y76 K0　C50 M98 Y100 K30

惊艳夸张

黑色作为背景色，可以带来强烈的视觉冲击。若加入饱和度较高的彩色做点缀，整个空间形成的配色效果十分惊艳。这样的配色往往会用来表达艺术、夸张的空间氛围，因此软装的图案和造型呈现出先锋特性。

● C0 M0 Y0 K100 ○ C0 M0 Y0 K0 ● C11 M54 Y89 K2
● C38 M95 Y84 K3 ● C80 M51 Y24 K2 ● C83 M24 Y78 K18

● C67 M47 Y58 K51 ● C13 M23 Y75 K2
● C0 M78 Y38 K0 ● C77 M32 Y83 K25